现代服装
面辅料及应用

李艳梅 仇晓坤 编著

Modern Clothing
Materials
and Applications

化学工业出版社
·北京·

内容简介

本书依据服装风格类型，结合众多实例，分析了面辅料的外观、性能、风格以及适宜的服装类型等要素。主要内容包括服装面辅料概述、服装用纤维与纱线、服装用织物、织物的印染后整理、各类服装面辅料及其应用、户外运动服常用面辅料、服装特种工艺加工及应用。

本书图文并茂，实例丰富，可以作为高等学校服装专业的教材，也可以作为服装设计师及纺织品设计人员的参考书，还可以作为服装爱好者的读物。

图书在版编目（CIP）数据

现代服装面辅料及应用 / 李艳梅，仇晓坤编著.
北京：化学工业出版社，2024.12. -- ISBN 978-7-122-
47198-7

Ⅰ. TS941.4

中国国家版本馆 CIP 数据核字第 2024TC6109 号

责任编辑：贾　娜　　　　装帧设计：史利平
责任校对：宋　玮

出版发行：化学工业出版社
　　　　　（北京市东城区青年湖南街 13 号　邮政编码 100011）
印　　装：北京云浩印刷有限责任公司
787mm×1092mm　1/16　印张 9¾　字数 215 千字
2025 年 5 月北京第 1 版第 1 次印刷

购书咨询：010-64518888　　　　售后服务：010-64518899
网　　址：http://www.cip.com.cn
凡购买本书，如有缺损质量问题，本社销售中心负责调换。

定　　价：49.00 元　　　　　　版权所有　违者必究

前言

随着生活水平的提升和服装产业的迅猛发展，服装产品展现出显著的多样化趋势。从日常休闲装到高端定制礼服，从普通功能性服装到融合智能科技的创新服装，不断满足消费者日益多样化且不断演变的需求。在这一行业发展背景下，服装面辅料作为构成服装的基础元素，其相关知识也在不断更新和扩展。

为了提升服装专业学生及从业人员在服装设计中运用面辅料的灵活性，本书从风格类型的角度出发，对各类服装面辅料的外观、性能及其应用规律进行了详细阐述，不仅涵盖了面辅料的基础知识，而且探讨了服装设计过程中对面料选择的策略和方法。此外，为了增强读者对面辅料应用的理解，书中还包含了一系列实用的案例分析，这些案例直观地展示了不同类型的服装面辅料可以达成的设计效果。

本书立足服装设计者的需求，力求减少对材料性质的细节性描述，而是通过实物图片直观地呈现面辅料的整体外观和纹理结构，进而分析其风格特征和应用规律，并辅以相应的服装设计实例来阐释其应用情况。本书旨在使内容与行业快速发展的需求相契合，以便读者在学习过程中所获得的知识能够更好地满足实际工作需求，帮助他们迅速洞察面料流行趋势、准确掌握面辅料性能，从而更加顺畅地进行创新性服装设计工作。

本书由上海工程技术大学李艳梅教授和上海视觉艺术学院设计学院仇晓坤老师共同编写完成。李艳梅负责教材的总体规划和第一、五、六、七章的撰写，仇晓坤负责第二、三、四章的撰写；上海工程技术大学纺织服装学院服装设计与工程专业顾悦、吴玉梅子等同学搜集了部分实例素材，服装设计与工程专业硕士研究生刘丁菲、李慧鑫等同学协助完成文稿的校对。

由于笔者水平所限，书中不足之处在所难免，敬请广大专家和读者批评指正。

编著者

目录

第一章

服装面辅料概述

服装的材料、款式和色彩是构成服装的三要素。其中，材料是构成服装的物质基础，是服装的载体。服装的颜色、图案、材质风格等是由服装材料直接体现的。服装的款式造型亦需依靠服装材料的厚薄、轻重、柔软、硬挺、悬垂性等因素来保证。服装材料包含构成服装外观主体部分的面料和其他各类辅料，统称为服装面辅料。服装面辅料形态和特性各异，影响着服装的外观、加工性、服用性、保养及经济性等。因此，只有了解和掌握了服装面辅料的类别、特性及其对服装的影响，才能合理地选择、灵活地应用各种服装面辅料，合理地采用造型方法和表现技巧，设计和生产出令消费者满意的服装。

第一节 ▶ 服装面辅料的重要性

一、服装面辅料的内容

服装面辅料是指构成服装的全部材料，种类众多，基本包括以下几个方面。

① 构成服装外观主体部分的面料。

② 实现特定功能的辅料，如起保暖作用的填充材料。

③ 生产、加工性材料，如用于衣片缝合的缝纫线。

④ 装饰性材料，如各种花边。

⑤ 标志性材料，如商标。

服装面辅料所使用的原料范围广泛，种类繁多，如图 1-1 所示。服装设计中使用的面辅料大多数是纤维制品，一般由纱线编织而成，主要包含机织物和针织物两大类型。机织物通常结构稳定，是服装面料中花色品种最多、使用面最广、使用量最大的一类产品。针织物由线圈构成，产品种类丰富，在服装领域的应用越来越多。随着纺织技术的发展，由纤维集合形成的非织造织物在服装上的应用比例也在加大，如非织造仿麂皮、服装用衬垫料等。除此之外，各类皮革和毛皮、皮膜、泡沫、金属等也被大量用作服装的面辅料。

二、服装面辅料的供应链

服装面辅料的材质、外观、性能、质量差异很大，在服装设计中必须依据设计目的和用途合理使用和相互匹配。了解服装面辅料的供应链对于服装设计中合理选择材料起到至关重要的作用。在设计新款式前，了解面辅料的来源、可获取性以及生产方式等信息对决定其是否符合设定目标产生直接影响。服装面辅料的来源、生产加工和销售流通的供应链如图 1-2 所示。

在服装设计之前，首先要了解原材料。原材料主要分为天然纤维和化学纤维两大类。天然纤维如棉、麻、丝、毛等，来源于自然界，而化学纤维则是以天然或人工合成的高分子聚合物为原料，经特定的加工得到的，如涤纶、尼龙等。原材料经过精心挑选后进入生

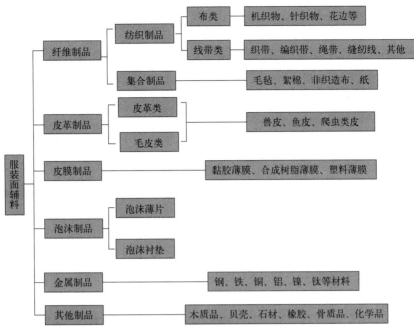

图 1-1 服装面辅料的内容

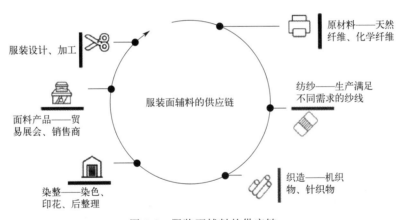

图 1-2 服装面辅料的供应链

产阶段。首先是纺纱，即将纤维组成条子并拉细加捻成纱，生产出满足不同需求的各种类型的纱线。接下来是织造，根据加工工艺的不同，可以制得机织物和针织物两大类面辅料。在染整环节，面辅料将被染色或印花，并进行后期处理以提高产品质量并赋予其特殊性能。经过以上加工过程就可以得到面辅料成品，这些产品通过贸易展会或销售商等途径进入流通渠道。最后根据不同开发需求将各类服装面辅料用于服装的设计加工中，获得满足不同消费群体和市场的服饰产品。在服装供应链的每个环节，每个步骤都需要精心策划并执行。

三、服装面辅料与服装设计

服装面辅料是服装设计的根本，服装造型、色彩都无法脱离服装面辅料而独立存在。从服装面辅料到服装，是一个艺术创作的过程，尤其是要求服装深层次地体现特定的风格理念时，对材料质感和肌理的探索十分重要。虽然不同款式的服装与人体结合的方式不同，但未与人体贴合、不受支撑的部分都会自然垂下，使服装显示材料自身的质感形态与衣纹效果，而且在动态下还会产生丰富而不定的变化。因此，服装的造型效果在根本上取决于材料的特质。特别是在科技高度发展、艺术设计空前活跃的今天，越发显示出服装设计艺术与材料高新技术的必然联系及相互制约。国外设计大师每季都要花大量时间开发新型材料，寻求表现力与功能性皆佳的材料。除了面辅料的选择外，材料的再创作也能赋予面辅料全新的变化和风格，更大限度地发挥材质视觉美感的潜力。同样，通过不同材质间的组合搭配，把金属与皮草、针织物与薄纱、闪光料与亚光料等各种材料加以组合，也可以产生出人意料的艺术魅力。

典型案例如日本著名时装设计大师三宅一生（Issey Miyake），他的设计直接延伸到面料领域，将高科技新材料的特殊肌理构成作为服装整体造型的重要形式与内容，从素材出发创造独具匠心的设计模式，并将服装中材料的可塑性最大限度地发掘出来，成就了他的个性风格——将魅力十足的色彩、完美奇异的面料与自然舒适的人体通过自由奔放的造型，构成最和谐的服装感受，如图 1-3(a) 所示。三宅一生改变了高级时装及成衣一贯平整光洁、精致豪华的定式，用材不拘一格，如经典的褶皱、粗放的麻、质朴的棉，甚至还有意想不到的宣纸。时装设计师克里斯汀·迪奥（Christian Dior）是一位非常善于运用面料设计的设计师，他经常巧妙地应用丝绸、锦缎、人造丝以及金银片织物或饰有珠片和串珠等光泽闪亮的面料，利用抽褶、褶裥等技术，增强面料受光面和阴影部分之间的对比度，使服装更具有立体感和光影效果，如图 1-3(b) 所示。

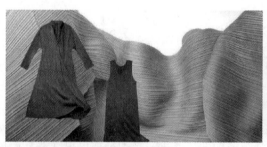 

(a) 三宅一生作品　　　　　　　　　　(b) Dior作品

图 1-3　服装设计案例

纵观各个历史阶段，各种服装面辅料的问世，始终伴随和直接推动着服装业的迅速发展，每一种新型服装材料的出现都会掀起新的服装潮流（如的确良面料、雪花牛仔面料、水洗面料、砂洗面料、太空棉、弹力织物、多层保暖织物等）。新面料的问世不但可以造就新的服装，而且可以打开一个新的服装市场。因此，服装面辅料不仅是实现设计理念、提升产品品质和舒适度的关键，也是塑造品牌形象和区分市场定位的重要手段。

（1）实现设计理念

面辅料可以帮助服装设计师更好地实现他们的创新理念。例如，使用特殊纹理或颜色的布料可以强调某种风格；通过独特的纽扣、拉链或其他饰物来增加个性化元素。

（2）提升产品品质

高质量的面辅料可以显著提升整体服装品质。例如，优良内衬材料能够改善穿着感受和延长产品寿命；精细线材则能保证缝合部位结实耐用。

（3）塑造品牌形象

通过选用具有相似风格且高端的面辅料，企业能够塑造出独特的品牌形象，这对于提升消费者认知度与忠诚度十分有利。

（4）区分市场定位

不同级别和类型的市场需要使用不同类型和档次的面辅料。例如，奢侈品牌可能会选择使用真丝、羊绒等高端材质；而大众消费类商品则更倾向于选择成本低但性价比高的材质，如棉、涤纶等。

总之，在服装设计中离不开面辅料，两者存在着相互依存、相互促进和共同发展的关系，服装面辅料在满足功能需求的同时，还需要考虑其对整体视觉效果及市场影响力等方面产生的影响。

第二节 ▶ 服装面辅料的发展

服装材料是人类古老的艺术和技术之一，也是人类文明进化的基础。在远古时期，人类对服装的概念并不明确，只是用树叶、兽皮等材料遮挡身体重要部位，并为身体驱逐寒气，以此来适应天气的变化。随着历史的发展，社会生产力逐渐进步，人类能制作石针、骨针把树叶、兽皮或羽毛串成简单的服装，形成了最早的缝纫。人类进入新石器时代以后，文明也逐渐形成，定居的人类开始使用纤维。

服装材料的发展经历了非常缓慢的历史过程。公元前5000多年，埃及最早开始使用麻布；公元前2500多年，印度首先使用了棉花；公元前2000多年，古代美索不达米亚地区已开始利用动物的兽毛，其中主要是羊毛。与此同时，人们已开始从自然界获得染料，对织物进行染色。我国在距今4000多年前开始使用蚕丝制作精美的丝织物，公元前一世纪，我国商队通过丝绸之路将此技术传播到西方。随后在历史的长河中，来自自然环境中的棉、毛、丝、麻等天然纤维成为服装的主要用料，直到19世纪中下叶的工业革命才使服装及其材料得到了迅速发展。化学纤维的出现以及化学纤维工业的发展，对纺织服装行业产生了划时代的意义。

早在1664年，英国人胡克（Hooke）就有了创制化学纤维的构想。经过一系列研究，1883年，英国人斯旺（Swan）发明了硝酸纤维素丝。1889年，法国人夏尔多内（Chardonnet）在巴黎首次展出了工业化的硝酸纤维素丝。英国人克劳斯（Cross）等在1904年获得了生产黏胶纤维（Viscose）的专利权。1925 年，黏胶短纤维（Rayon）问世。1938 年，美国杜邦成功研制聚酰胺纤维（Polyamide），并命名为尼龙（Nylon），这是第一种合成纤维。1946 年，美国研制成功人造金属长丝（Lurex）。1950 年，杜邦公司研制成功腈纶（Acrylic）。1953 年，杜邦公司使涤纶（Polyester）工业化。1956 年，弹力纤维（Spandex）研制成功。而后，新型的再生纤维、合成纤维层出不穷。随着科学技术的进步，化学纤维产量、质量都在不断提高和改善，成本也在降低，已经成为当今纺织服装行业中的重要原材料。随着纺织工业的发展和化学纤维的应用，人们认识到各种纤维的不足，把天然纤维与化学纤维混纺互补，以满足消费者对服装的要求。

与此同时，从 20 世纪 60 年代起，世界各国开始对化学纤维进行改进和研究，提出了"天然纤维合成化，合成纤维天然化"的口号。通过基因工程、化学工程及物理化学等方法对成品进行后加工，使其具有新的功能，使得各种新纤维、新纱线、新面料以及其他新型服装材料不断涌现。服装用纺织纤维在保持纤维原有优良性能的同时，不断克服自身缺点，并通过各种技术与工艺，赋予纤维特殊的功能性。例如，天然纤维在保持吸水、透湿等优良性能的同时，在抗皱防水和免烫等性能上得以改善；而化学纤维也改善了吸湿性差、易起静电、不易着色等缺点。

随着科学技术的迅猛发展和生活质量的不断提高，人们越来越追求高档、舒适、环保并具有保健、保护功能的服装，以高科技服装材料提高服装附加值的趋势日渐显著，面料产品总体向科技化和功能化方向发展，随环境条件变化而变化的智能材料是未来纤维发展的新方向。随着绿色可持续观念在服装设计和材料应用中不断加强，各种绿色环保纤维（彩棉、天丝、莫代尔、聚乳酸纤维等）也在服装设计中有了更多的应用。近年来，世界各国对生态环保要求的不断升级，聚酯的回收利用也日益成为新的主题，全球都在制定并落实"碳达峰、碳中和"目标。再生涤纶属于资源的回收利用，主要在废料循环利用和污染排放这两个方面，为环保作出了较大贡献。同时，再生涤纶的发展可以减少石油化工产品的使用，减少碳的排放和垃圾处理等问题。因此，再生涤纶成本低，性能好，附加值高，具有广大的市场。

与此同时，多种纤维混纺交织的面料大大改善了面料的使用性能，织物组织结构的变化产生了各种新观感和新风格的面料产品，而高超的后整理技术为服装面料锦上添花。

服装材料的发展与纺织工业的发展紧密联系在一起。18 世纪后半叶到 19 世纪，英国产业革命给纺织业带来了巨大的变革，动力革命使古老的手工织机实现了机械化，化学的进步使衣料的品质与性能得到提高，衣料品种不断增加，品质持续提高。随着科技的进步，纺织工业与高科技成果不断结合，促进纺织工业的进一步发展。比如新型纤维的开发，传统材料的性能改进，织造机械的自动控制，纺织 CAD/CAM 的出现和完善，染整工艺和设备的改进，等等，这些技术进步提高了纺织工业的技术水平，同时也为生产出更高品质、更多品种的衣料提供了可能。

第二章

服装用纤维与纱线

第一节 ▶ 服装用纤维

一、纤维及其分类

服装面辅料可以由各种材料组成，包括纤维、毛皮、皮革、塑料、薄膜、金属等，其中最常用的是纤维材料。由纤维材料经过纺织和后整理加工制成的纺织品大量用作服装的面辅料。

服装用纤维材料是指长度比细度大几千倍，具有一定的柔韧性和抱合性的物质。纤维的种类繁多，根据来源不同，分为天然纤维和化学纤维两大类。天然纤维是指从自然界获得的纤维，包含植物纤维、动物纤维和矿物纤维。化学纤维或合成纤维是用化学方法制成的所有纤维。

这两类纤维在纺纱工序中可以被混合，通过添加一定比例的一种纤维到另一种纤维中，然后纺成纱线。纤维的这种混合将生产出各种不同的纱线，每种纱线都有自己特殊的性质和用途。织物也能通过将天然纤维纱线与化学纤维纱线进行交织织造。例如，天然纤维纱线作经纱，化学纤维纱线作纬纱，反之亦然。

1. 天然纤维

天然纤维是指在自然界天然形成的或从人工培植的植物中、人工饲养的动物中获得的纤维。自然界天然存在的纤维原料可概括为四大类：棉、麻、丝、毛。其中，棉纤维和麻纤维来源于植物，主要成分为纤维素，因此被称为植物纤维或天然纤维素纤维；毛纤维和丝纤维分别来源于动物的毛发和昆虫的腺分泌物，其主要成分为蛋白质，因此又被称为动物纤维或天然蛋白质纤维。天然纤维具体分类如图 2-1 所示。

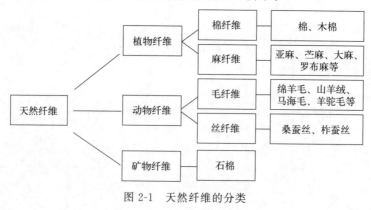

图 2-1　天然纤维的分类

2. 化学纤维

化学纤维（简称化纤）是以天然或人工合成的高分子聚合物为原料，经特定的加工而制得的纺织纤维。根据其原料、组成及加工方法的不同，分为再生纤维（人造纤维）和合成纤维两类。

纺丝是化学纤维加工的重要环节，制备好的纺丝液通过带孔的喷丝头喷出形成连续的长丝，这些长丝被用来作为纱线，或者被切断成短纤维使用。根据加工原料性质的不同，纺丝分为熔融纺丝、湿法纺丝和干法纺丝三种，示意图如图 2-2 所示。

(a) 熔融纺丝　　　　　(b) 湿法纺丝　　　　　(c) 干法纺丝

图 2-2　纺丝方法

人造纤维是采用天然高聚物或失去纺织加工价值的纤维原料（如木材、甘蔗渣、牛奶、花生、大豆、棉短绒、动物纤维等）为原料，经过化学处理与纺丝加工而制得的纤维，所以也称再生纤维。包括人造纤维素纤维、人造蛋白质纤维、人造无机纤维和人造有机纤维。

合成纤维占化学纤维的绝大部分，是以石油、煤和天然气及一些农副产品中所提取的小分子物质为原料，经人工合成得到高聚物，再经纺丝制成的纤维。

化学纤维的研发和应用源于 19 世纪 20 年代，最早出现的化纤是黏胶纤维，到 19 世纪 60 年代左右，各类化纤被陆续研发并投入使用。目前用于服装中的主要化纤及其分类如图 2-3 所示。

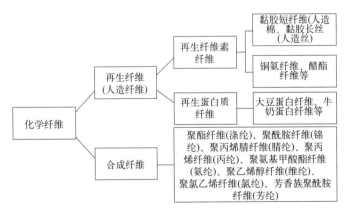

图 2-3　化学纤维的分类

二、纤维的性能指标

1. 纤维的形态结构

纤维的形态结构主要指影响纤维服用性的形态结构特征，如纤维的长度、细度和横截面、纵向形状及纤维内部存在的各种缝隙和微孔。

（1）纤维的长度和细度

纤维的长度比较直观，主要用毫米（mm）和米（m）来表示。根据长度不同，纤维分为短纤维和长丝。天然纤维的长度是指纤维生长的极限，除了蚕丝之外，棉、麻、毛都是短纤维。化学纤维通过纺丝形成的一根长丝就是一根连续的单纤维，长度能达到几千米长。长丝能被切断变成短纤维使用。常见纤维的长度范围见表2-1。

表 2-1　常见纤维的长度范围

名称	棉	亚麻	苎麻	绵羊毛	化纤短纤维		
					棉型	毛型	中长型
长度	10～40mm	25～30mm	120～250mm	50～75mm	30～40mm	75～150mm	40～75mm

纤维细度的直接表示指标可用直径（d），常以微米（μm）为单位，天然纤维的细度在 $10\sim30\mu m$ 之间，化学纤维可以根据设计和工艺加工粗细变化多样的纤维。由于直接测试纤维的直径比较困难，因此纤维细度经常用间接指标来表示，即用纤维的长度和重量之间的关系来表征纤维的细度，分为定长制和定重制两种指标，包含线密度（N_t）、旦数（N_d）、公制支数（N_m）、英制支数（N_e）四个指标，前两个为定长制指标，后两个为定重制指标，后三个指标的单位为非法定计量单位。

① 线密度：又称为特数、号数。指公定回潮率下，1000m 长纤维的重量克数，单位为特克斯（tex）。纤维的细度小，通常用分特克斯（dtex，简称分特）来表示，1tex＝10dtex。线密度常用于衡量棉、麻等短纤维和短纤维纱线的细度。其数值越大，表示纤维越粗。

② 旦数：也称为纤度、旦尼尔。指公定回潮率下，9000m 长纤维的重量克数，单位为旦（D）。一般多用于天然纤维蚕丝或化纤长丝的细度表达。其数值越大，表示纤维越粗。

③ 公制支数：在公定回潮率下，1g 重的纤维所具有的长度米数，单位为公支。其数值越大，表示纤维越细。目前我国毛纺及毛型化纤纯纺、混纺纱线的粗细仍有部分沿用公制支数表示。

④ 英制支数：是旧国家标准中规定表示棉纱线粗细的计量指标，现已被特数所替代。

（2）纤维的截面形态

各种天然纤维由于生长机理或制造工艺的不同，导致其截面形态明显不同。化学纤维一般为圆形截面，也可以通过改变纺丝孔的形状制成各种不同的截面形态。特殊形态的截面特征也可以作为鉴别纤维类别的依据之一。常见纤维截面形态如表2-2所示。

表 2-2　常见纤维截面形态

纤维种类	纵向形态		横截面形态	
棉	天然转曲		腰圆形,有中腔	

续表

纤维种类	纵向形态		横截面形态	
亚麻	横节竖纹		多角形,中腔较小	
羊毛	鳞片环状或瓦状		近似圆形或椭圆形,有的有毛髓	
山羊绒	环状鳞片		圆形	
桑蚕丝	平滑		不规则三角形	
黏胶纤维	有沟槽		锯齿圆形,有皮芯结构	
腈纶	平滑,有1~2根沟槽		圆形或哑铃形	
维纶	平滑		腰圆形,有皮芯结构	
涤纶、锦纶、丙纶	平滑		圆形	

2. 纤维的吸湿性能

纺织纤维在空气中吸收或放出水汽的性能称为纤维的吸湿性，它直接影响服用织物的穿着舒适程度，对纺织纤维的形态尺寸、重量、物理力学性能都有一定的影响，从而也影响其加工和使用性能。

纺织纤维的吸湿性通常用回潮率指标来表征。回潮率是指试样所吸着的水量占试样干燥重量的百分率。同一材料在不同的大气条件下测得的实际回潮率有所不同，因此为了测试计重和贸易核价，对各种纤维及其制品的回潮率规定了一个标准，即公定回潮率。在国际贸易和纺织材料测试中，各类纺织材料的公定回潮率，相当于在标准条件下（相对湿度65％±2％、温度20℃±2℃）的回潮率数值。公定回潮率数值越大，表示纤维的吸湿性越好。表 2-3 为常见纤维的公定回潮率。

表 2-3 常见纤维的公定回潮率

纤维	公定回潮率/％	纤维	公定回潮率/％
原棉	11.1	涤纶	0.4
洗净羊毛	15.0～16.0	锦纶	4.5
山羊绒	15.0	腈纶	2.0
桑蚕丝	11.0	维纶	5.0
亚麻	12.0	氨纶	1.0
黏胶纤维	13.0	丙纶	0

在纤维的吸湿性能中，除吸湿性外，纤维材料的吸水性也与服用织物的穿着舒适性密切相关。纤维的吸水性是指纤维吸着液体水的性能。人们在活动时所产生的水汽和汗水，主要凭借纺织材料的吸湿和吸水性能进行吸收并向外发散，从而使人感到舒适。一般来说，外衣主要是受雨水的浸湿，所以可选择吸水性小的纤维作外衣材料；内衣主要是受身体的不显性蒸发和出汗浸湿，因此要选择吸湿和吸水性大的纤维作内衣材料。

3. 纤维的热学性能

（1）导热性

纤维的导热性指在有温差的情况下，热量总是从高温部位向低温部位传递，这种性能称为导热性，而抵抗这种传递的能力则称为保暖性。导热性可以用导热系数 λ 表征，也称热导率。环境温度20℃时常见纤维的导热系数如表 2-4 所示。

表 2-4 常见纤维的导热系数

材料	导热系数(λ)	材料	导热系数(λ)
棉	0.071～0.073	木棉	0.32
羊毛	0.052～0.055	涤纶	0.084
蚕丝	0.05～0.055	锦纶	0.245～0.337
黏胶纤维	0.055～0.071	腈纶	0.051
醋酯纤维	0.05	丙纶	0.221～0.302
羽绒	0.024	氯纶	0.042

静止空气的导热系数较小（$\lambda = 0.027$），是最好的热绝缘体。若纺织材料中含静止空气，则材料的保暖性提高。水的导热系数很大（$\lambda = 0.697$），约为纤维的10倍。因此，随着纤维的回潮率增加，导热系数增大，保暖性下降。

（2）热收缩

纤维的热收缩指在温度增加时，由于纤维内大分子间的作用力减弱而产生的纤维收缩现象。合成纤维有热收缩现象，天然纤维和再生纤维的大分子间的作用力比较大，不会产生热收缩。纤维的热收缩是不可逆的，对热收缩大的纤维，织物受热后尺寸稳定性差；当纤维的热收缩不匀时，会使织物起皱不平。

（3）纤维的热定型

织物在热与机械力的作用下容易变形，并能使变形依照需要固定下来不发生变化的性能为热定型性。合成纤维织物易成型定型且耐久不变，即使洗涤后也会保持，如热定型的褶裥具有持久性。

（4）燃烧性能

纤维的燃烧性能指纺织纤维是否易于燃烧及燃烧过程中表现出的燃烧速度、熔融、收缩等现象，据此将纤维分为以下四大类。

① 易燃纤维。接触火焰时迅速燃烧，即使离开火焰，仍能继续燃烧。包含纤维素纤维（棉、麻、黏胶纤维）与腈纶。

② 可燃纤维。接触火焰后容易燃烧，但燃烧速度较慢，离开火焰后能继续燃烧。如羊毛、蚕丝、锦纶、涤纶、维纶等。

③ 难燃纤维。接触火焰时燃烧，离开火焰后自行熄灭。如氯纶等含卤素的纤维。

④ 不燃纤维。即使接触火焰，也不燃烧。如石棉、玻璃纤维。

易燃纤维制成纺织物容易引起火灾。合成纤维燃烧时，聚合物的熔融会严重伤害皮肤。

4. 纤维的力学性能

纺织纤维的力学性能指纤维在拉伸、弯曲、扭转、摩擦、压缩、剪切等外力的作用下，产生各种变形的性能。包括纤维的强度、伸长、弹性、耐磨性、弹性模量等。

（1）纤维强度

纤维强度是指纤维抵抗外力破坏的能力，在很大程度上决定了纺织品和服装的耐用程度。纤维的强度可用纤维的绝对强力来表示，指纤维在连续增加负荷的作用下，直至断裂时所能承受的最大负荷。其单位为牛顿（N）或厘牛顿（cN）。过去习惯用克力或公斤力表示。

（2）断裂伸长率

纤维被拉伸到断裂时，所产生的伸长值，叫作断裂伸长，用 ΔL 表示。断裂伸长与原来长度的百分比被称为断裂伸长率（ε）。纤维的断裂伸长率常被用来表示纤维的延伸性。纤维的断裂伸长率越高，说明纤维伸长变形的能力越大，延伸性越大，纤维的弹性越大。

（3）纤维的强伸性能

各种纤维的强伸性能各不相同，天然纤维中，麻纤维的强度最高，其次为蚕丝、棉和羊毛，而伸长特性却恰恰相反，羊毛的伸长率最大，其次为蚕丝、棉，麻的伸长率最小。化纤的强伸性能普遍好于天然纤维，其中，氨纶具有典型的伸长特性，但是强度低。

（4）纤维的弹性

纤维的弹性就是指纤维变形的恢复能力。表示纤维弹性大小的常用指标是纤维的弹性回复率或称回弹率。它是指急弹性变形和一定时间的缓弹性变形占总变形的百分率。纤维的弹性回复率高，则纤维的弹性好，变形恢复的能力强。用弹性好的纤维制成的纺织品尺寸稳定性好，服用过程中不易起皱，并且较为耐磨。

5. 纤维的其他性能

（1）纤维的抗静电性

纤维材料能够抵抗电荷积聚、灰尘吸附的性能称为抗静电性。通常吸湿性好的纤维材料抗静电性比较好，反之，吸湿性差的纤维材料通常都容易起静电。静电会造成穿着和加工中的一些困难，严重的可能引起火灾。

（2）纤维的耐气候性

耐气候性指纤维制品在太阳辐射、风雪、大气等气候因素作用下，不发生破坏，保持性能不变的特性。因此，室外或野外工作服的耐气候性要好。在使用过程中，日光对服装材料性能的影响最为明显。纤维在阳光下照射后，会变黄发脆，强力下降。日光对纤维性能影响不明显的纤维材料有腈纶、涤纶、醋纤、维纶等；受日光影响明显的纤维材料有锦纶、丙纶、氨纶、蚕丝、棉、毛等。

（3）纤维的耐化学品性能

纤维的耐化学品性能指纤维抵抗各种化学药剂破坏的能力，对纺织品的加工、整理、洗涤等过程均有影响。一般情况下，纤维素纤维耐碱不耐酸，蛋白质纤维耐酸不耐碱，合成纤维的耐化学药品性能各有特点，耐酸碱的能力要比天然纤维强。

三、常见纤维的性能特点

1. 棉纤维

棉纤维是应用最广泛的天然纤维之一。棉花最重要的产地是美国、秘鲁、巴西、土耳其、埃及、俄罗斯、中国和印度。不同产地和品种的棉纤维颜色、长度和性质都不同。

棉纤维在不同成熟期和生长环境下会呈现出白、浅黄、浅灰等不同颜色，光泽暗淡，染色性能良好，吸湿性好，保暖性较好，触感柔软，不易产生静电，强度较好，耐磨性一般。纤维的变形伸长能力差，弹性差，所以未经处理的纯棉织物容易起皱。适合制作贴身衣物、儿童服装、夏季服装等。

棉纤维耐碱不耐酸，一般稀碱在常温下对棉纤维不发生作用，因此可用碱性洗涤剂进行清洗。但强碱作用下，会导致纤维直径膨胀，长度缩短。利用棉纤维这一特性，可以用18％～25％的氢氧化钠溶液处理棉织物。此时如果施加一定的张力，限制其收缩，棉制品会变得平整光滑，吸附能力、化学反应能力增强，尺寸稳定性、强力、延伸性等服用力学性能有所改善，这种处理称为丝光处理。普通棉纤维和丝光棉纤维的横截面如图 2-4 所示。若不施加张力任其收缩，称为碱缩，也称无张力丝光。碱缩虽不能使织物光泽提高，但可使织物变得紧密，弹性提高，手感丰满，保形性好，主要用于对针织物的处理。

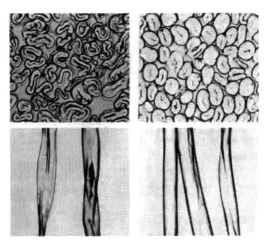

图 2-4　普通棉纤维（左）和丝光棉纤维（右）的截面图

棉制品耐水洗，可以机洗和高温烘干。熨烫温度可达 190℃，若垫干布熨烫可提高20～30℃，垫湿布熨烫可提高 40～60℃。棉质服装保存不当容易发霉引起色变，应洗净、干燥后进行防潮保管。

棉花的品种主要有粗绒棉、细绒棉和长绒棉。其中，粗绒棉因品质较差，产量低，近年已逐渐被细绒棉取代。细绒棉又称陆地棉，适合亚热带和温带地区种植，是目前世界上栽培最广和产量最多的棉纤维品种。我国种植的棉花 98％是细绒棉，其纤维细度和长度中等，纤维品质优良。长绒棉优于细绒棉，主要是成熟度、长度、细度、强度、染色更好，是高档棉纺产品的原料。尼罗河流域是长绒棉的主要产地，盛产的国家有埃及、苏丹和摩洛哥等，其中最著名的是埃及长绒棉。我国长绒棉的主要产地有新疆维吾尔自治区、云南省和广西壮族自治区。

埃及长绒棉简称埃及棉，其特点为绒长（纤维可长达 35mm 以上），细度一致性好，横截面极其接近圆形，所以富蚕丝光泽，质地坚韧，染色效果好；耐磨耐用，抗皱性好，悬垂性强，不易起球；透气排湿性好，具有普通面料 5 倍以上的透气性。埃及长绒棉的种类主要有 GIZA（吉扎）45、GIZA 70、GIZA 89 等品种，其中，GIZA 70 产量最大，约占埃及长绒棉总产量的 75％，GIZA 89 约占 10％。GIZA 45 在长度、物理指标等各方面最好，但产量很少。美国的长绒棉叫皮马棉（Supima/Pima Cotton），又叫比马棉，被称为棉中贵族，是根据美国西南部 Pima 印第安种植和用手采摘棉花的传统而命名的。这种棉生长在美国、秘鲁，在其他产地只有有限的产量。皮马棉因日照时间长，棉的成熟度高，且棉绒长，强度高，手感好，在品质方面优于埃及棉。

2. 亚麻纤维

亚麻纤维是从亚麻织物茎皮中获得的。主要产自俄罗斯、波兰、德国等，我国主要在黑龙江、吉林等地。亚麻纤维多为象牙色。由于采用工艺纤维，如图 2-5 所示，纤维粗细不均，导致亚麻织物布面具有粗细节的独特外观特征。

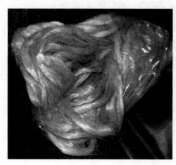

图 2-5　亚麻的工艺纤维及纱线

亚麻纤维的强度居天然纤维之首，具有良好的吸湿性和散湿性，导热速度快，穿着凉爽，出汗后不贴身，尤其适用于夏季面料。亚麻纤维有一定的抗菌防霉和除臭的功能，易洗去污，水洗柔软，污垢易清除。亚麻纤维耐热性好，熨烫温度可达 200℃。缺点是较脆硬，弹性差，伸长率低，易起皱，与人体接触时有刺痒感。亚麻纤维主要用于套装、衬衫、连衣裙、桌布、餐巾、抽绣工艺品等。

3. 毛纤维

（1）绵羊毛

根据绵羊品种不同，羊毛分为细羊毛、长羊毛、半细毛和粗羊毛。主要出产羊毛的国家有澳大利亚、新西兰、俄罗斯、阿根廷、乌拉圭和中国等，产量约占世界羊毛总产量的 60%。其中，产于澳大利亚的美利奴羊毛纤维较细，品质优良，是高档毛制品服装的优良原料。如图 2-6 所示为美利奴绵羊和羊毛织物。

国际羊毛局是国际上最权威的羊毛研究和信息发布机构，国际羊毛局的羊毛标志是世界最著名的纺织品保证商标，图 2-7（a）、（b）分别为国际羊毛局纯毛标志和高比例羊毛混纺标志。

羊毛天然卷曲，外包鳞片，光泽柔和，染色性能好，染色牢固，色泽鲜艳。其吸湿性是常见纤维中最好的，纤维柔软而富有弹性，弹性回复能力优良，不易起皱，穿着舒适，保暖性好，可用于制作呢绒、绒线、毛毯、毡呢等纺织品，以及围巾、手套等。

缩绒性是毛纤维所特有的。缩绒性是指毛纤维在湿热条件下，经机械外力的反复挤压，纤维集合体逐渐收缩紧密并互相穿插纠缠、交编毡化的现象。羊毛的缩绒性使毛织物和羊毛针织品在穿用过程中容易产生尺寸收缩和变形，产生起毛起球等现象，影响了穿用

图 2-6　澳大利亚美利奴绵羊及羊毛织物

(a) 纯毛标志　　　　(b) 毛混纺标志　　　　(c) 纯毛标志的应用

图 2-7　国际羊毛局的羊毛标志及应用

的舒适性和美观性。因此，在整理过程中通常采用破坏鳞片层的方法来达到防缩绒的目的。利用羊毛的缩绒性，也可以把松散的短毛纤维结合成具有一定机械强度、形状、密度的毛毡片，这一作用称为毡合。羊毛纤维的鳞片结构导致其贴身穿着具有刺扎感。

羊毛纤维较耐酸而不耐碱，不能用碱性洗涤剂或含漂白粉的洗衣粉洗涤，也不能用含氯漂白剂漂白。羊毛纤维的耐光性较差，长期光照可使其发黄，强度下降。羊毛纤维易受虫蛀，易霉变。因此保存前应洗净、熨平、晾干，高级呢绒服装勿叠压，并放入防虫蛀的樟脑球。羊毛制品湿润后保型性会明显下降，因此羊毛制品应避免水洗雨淋。

（2）山羊绒

山羊绒是紧贴山羊皮生长的浓密绒毛，在动物身上主要起到保暖作用，每年春季山羊脱毛之际，用特制的铁梳从山羊身上梳取下来。中国、伊朗、蒙古国等为山羊绒主要产地。我国年产山羊绒占世界产量的 60% 左右，以内蒙古产量最高，质量最好。

山羊绒的主要种类有白绒、青绒、紫绒三种，其中，白绒最为珍贵。山羊绒是一种贵重的纺织原料，一只山羊年产羊绒只有 100~200g，交易中以克论价，所以羊绒具有"软黄金"之称，如图 2-8 所示。山羊绒无髓质，强伸性、弹性都优于相同细度的绵羊毛，鳞片大而稀，贴于毛干。产品具有轻柔、滑糯细腻、丰满、弹性好、保暖性好等优良特性，主要用于纯纺或与细羊毛混纺，制作羊绒衫、羊绒围巾、羊绒花呢、羊绒大衣呢等高档贵重纺织品。

（3）马海毛

马海毛是来自安哥拉山羊的一种纤维，主要产地为南非、土耳其、美国，土耳其所产

图 2-8　山羊及山羊绒纤维

马海毛品质较好。图 2-9 为安哥拉山羊及马海毛纱线。

马海毛的长度一般为 100～150mm，最长可达 200mm 以上。马海毛纤维灰色中稍微泛黄，且水洗后是白色。纤维很少弯曲，鳞片少而平阔紧贴于毛干，很少重叠，使纤维表面光滑，产生蚕丝般的光泽。马海毛纤维柔软，不毡化，强度和弹性好，具有很好的染料吸附性能。马海毛被用于与羊毛、蚕丝、棉及再生纤维混纺，或组合使用，如制作顺毛大衣呢、长毛绒、银枪大衣呢等。中等质量的纤维纺纱，用于家具装饰用品业及地毯。

图 2-9　安哥拉山羊及马海毛纱线

（4）羊驼毛

羊驼属于骆驼科，主要产于秘鲁、阿根廷等地，主要有以苏力羊驼和瓦卡亚羊驼为主的两大品系，见图 2-10。羊驼毛粗细毛混杂，粗毛长度达 200mm，平均直径为 150μm。细毛长 50mm 左右，平均直径为 20～25μm。羊驼毛比马海毛更柔软而富有光泽，手感特别滑糯，毛的鳞片紧紧包伏在毛秆上，可用作轻薄夏季衣料、大衣和羊毛衫等。

苏力羊驼是羊驼家族的贵族，它的驼毛长度可达到几十厘米，不仅细长，而且犹如丝绸般光滑，均匀柔顺地成绺状下垂，是极佳的精纺加工用料。而瓦卡亚羊驼的驼毛虽然不如苏力羊驼那么夸张，但其强力和保暖性均远高于羊毛，具有良好的光泽、柔软性和卷曲性。羊驼的毛细密厚实，毛色纷繁复杂，粗略统计至少有 24 种之多，无须漂染就可满足纺织需求。

图 2-10 苏力羊驼、瓦卡亚羊驼及羊驼毛纤维

4. 桑蚕丝

蚕丝是熟蚕结茧时所分泌丝液凝固而成的连续长纤维，是人类利用最早的动物纤维之一。中国、日本、印度、俄罗斯和朝鲜是主要产丝国。蚕虫通过从头部两侧的两腺体中吐丝（含丝素和丝胶）后与空气接触凝结，形成蚕茧，蚕茧由大约 2～4km 的牢固黏结在一起的连续凝固长丝组成。

蚕丝强度较大，吸湿能力较强，表面平滑，触感舒适凉爽，同时其导热系数小，内部为多孔结构，因此保温性能也较好，冬夏穿着均宜。蚕丝不耐碱，不可用碱性强的洗涤剂清洗，也不可用含氯漂白剂漂白。蚕丝的耐光性较差，在日光照射下，蚕丝易发黄，强度下降，织物脆化。蚕丝制品易受虫蛀，易霉变。经过酸处理的蚕丝织物在相互摩擦时，能产生独特的响声，被称为"丝鸣"。丝鸣对鉴别真丝绸和仿丝绸具有一定的参考价值。如图 2-11 所示为蚕茧与蚕丝。

图 2-11 蚕茧与蚕丝

用于纺织加工时，生丝通过缫丝工序来获得，根据工艺要求的不同，一般 3～8 个蚕茧被展开并将蚕丝并在一起形成一根单纱使用。得到的生丝呈白色，具有优雅而美丽的光泽。蚕丝的染色性能良好，可以染成各种颜色。

如图 2-12 所示，长丝的末端从放在有热水的容器 A 中抽出，通过玻璃棒 B，再通过栅栏 C 上的孔眼 D 后，长丝在 E 处交叉并且在绞纱器 F 上被缠绕成丝束。

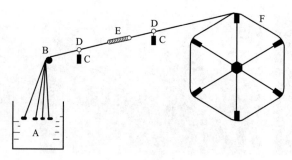

图 2-12　缫丝工艺

A—蚕茧放在有热水的容器内；B—玻璃棒；C—栅栏；D—孔眼；E—交叉的长丝；F—绞纱器

桑蚕丝有桑蚕长丝和桑蚕短丝之分。正常的蚕茧拉出的丝一般有几十米长，属于长丝。而桑蚕短丝一般用茧衣和厂丝的下脚料作原料。桑蚕丝是一种弱酸性物质，有一定的耐酸性，在丝绸精炼或染整加工时，常用有机酸处理，以增加丝织物的光泽、改善手感，但织物的强伸度稍有下降。在应用中，将其加工成绢丝和紬丝。

绢丝是以蚕丝的废丝、废茧、茧衣等为原料，加工成短纤维，再纺成长丝。绢丝光泽优良，粗细均匀，强力与伸长率较好，保暖性、吸湿性好。缺点是多次洗涤后易发毛。

紬丝由绢丝的副产品落绵加工制成，整齐度差，含绵结、杂质较多，纤维表面具有别具风格的不规则的颗粒疙瘩。用它作原料织造的绵绸称为"紬织物"，织物表面有很多细小的绵粒和毛茸，无光泽，具有柔软、丰满、粗犷的特点。一般较厚实，比其他真丝挺括，坠感强，夏天穿着不粘身，有粗布或麻布的效果。

双宫桑蚕丝的生丝是由双蚕茧生产的。双蚕茧是由蠕虫将它们的茧放在一起，蚕茧被交替地纺丝，生产不均匀的丝线。粗的纱线和便宜的织物都是由这种丝产生的。

5. 黏胶纤维

黏胶纤维是指从木材和植物叶杆等纤维素原料中提取的 α-纤维素，或以棉短绒为原料，经加工成纺丝原液，再经湿法纺丝制成的人造纤维。采用不同的原料和纺丝工艺，可以分别得到普通黏胶纤维、高湿模量黏胶纤维和高强力黏胶纤维等。

黏胶纤维的染色性能良好，染色色谱全，能染出鲜艳的颜色。黏胶纤维的化学组成与棉相似，吸湿能力优于棉，透气凉爽。吸湿后显著膨胀，直径增加可达 50%，所以织物下水后手感发硬，收缩率大，可达 8%～10%。普通黏胶纤维容易变形，弹性回复性能差，因此织物容易伸长，尺寸稳定性差，但悬垂性能好，手感光滑柔软。黏胶纤维穿着舒适，短纤维可纺性好，与棉、毛及其他合成纤维混纺、交织，用于各类服装及装饰用品。黏胶长丝可用于制作衬里、美丽绸、旗帜、飘带等丝绸类织物，高强力黏胶纤维可用于制作轮胎帘子线、运输带等工业用品。

6. 天丝（Tencel）

天丝是一种符合环保要求的再生纤维素纤维，它是 Lyocell（莱赛尔）纤维的商品名。

Lyocell 纤维在生产过程中使用的有机溶剂 NMMO 在生产密封系统中回收率达 99％以上，所以对环境没有污染，且 Lyocell 纤维易于生物降解，焚烧也不会产生有害气体污染环境。

天丝织物具有吸湿、透气、易漂染、色泽鲜艳、光滑细柔、收缩率小、尺寸稳定、悬垂性好等特点，可仿棉、仿毛、仿丝等，可开发高附加值的各类服装，如西服、衬衫、牛仔装、休闲服及裙装，还可用于家用纺织品和产业用织物等。利用天丝独特的原纤化特性，即天丝纤维在湿态中经过机械摩擦作用，会沿纤维轴向分裂出原纤，通过处理后可获得独特的桃皮绒风格。如图 2-13 所示为兰精天丝纤维面料。

图 2-13　兰精天丝纤维面料

7. 莫代尔（Modal）纤维

莫代尔是奥地利兰精（Lenzing）公司开发的高湿模量黏胶纤维的纤维素再生纤维，该纤维的原料采用欧洲的榉木，先将其制成木浆，再通过专门的纺丝工艺加工成纤维。

莫代尔纤维面料布面平整、细腻、光滑，色泽艳丽、光亮，是一种天然的丝光面料。Modal 纤维面料服用性能稳定，经过多次水洗后，依然保持原有的光滑及柔顺手感、柔软与明亮，而且越洗越柔软，越洗越亮丽。

莫代尔纤维面料（图 2-14）吸湿性能、透气性能优于纯棉织物，手感柔软，悬垂性好，穿着舒适，但挺括性较差，多用于贴身织物和保健服饰产品。

图 2-14　兰精莫代尔纤维面料

8. 聚酯纤维

聚酯纤维的商品名为涤纶，国外也有许多商品名称，如 Terylene® （特丽纶®）、Dacron® （大可纶®）、Tetoron® （蒂托纶®）等，是合成纤维的主要品种，其产量居所有化学纤维之首。聚酯纤维是由石油及其副产品与各种化学物质混合产生的。在长丝纱线的生产过程中，聚合物碎片在高温下被熔化；熔化了的液体从喷丝头喷出并固化；纱线被拉伸成其原来长度的几倍并缠到筒子上。聚酯纤维长丝纱线根据它的最终用途进行下一步加工。

涤纶具有一系列优良性能，如断裂强度和弹性模量高，回弹性适中，耐热和耐光性好。织物具有洗可穿性，优秀的阻抗性（诸如，抗有机溶剂、肥皂、洗涤剂、漂白液、氧化剂等）以及较好的耐腐蚀性，对弱酸、碱等稳定，故有着广泛的服用和产业用途。涤纶的主要缺点是染色性差，吸湿性差，易燃烧，具有较低的软化温度，织物易起球，容易起静电等。

9. 聚酰胺纤维

聚酰胺纤维的商品名为锦纶，是尼龙的商品名。尼龙断裂强度高，回弹性和耐疲劳性优良，弹性回复率在常用纺织纤维中居首位，耐磨性是常见纺织纤维中最好的；吸湿性、染色性在合成纤维中属较好的。多用于运动服装和户外服装。尼龙的缺点是耐光性较差，耐热性也较差。初始模量比其他大多数纤维都低，因此在使用过程中容易变形。

10. 聚丙烯腈纤维

聚丙烯腈纤维的商品名为腈纶。腈纶手感柔软、弹性好，有"合成羊毛"之称。在合成纤维家族中，腈纶的总产量仅次于涤纶和锦纶，居第三位。腈纶耐日光和耐气候性特别好，染色性能良好，色谱齐全，染色鲜艳。腈纶的缺点是易起球、易积聚静电，吸湿性较差，穿着有闷热感，但易洗快干。

腈纶常制成短纤维与羊毛、棉或其他化纤混纺，织制毛型织物或纺成绒线。粗旦腈纶可织制毛毯或人造毛皮。利用腈纶特殊的热收缩性，可纺成蓬松性好、毛型感强的膨体纱。

11. 聚丙烯纤维

聚丙烯纤维的商品名为丙纶。丙纶的品种较多，有长丝、短纤维、膜裂纤维、鬃丝和扁丝等。丙纶的质地特别轻，密度仅为 $0.91g/cm^3$，强度较高，几乎不吸湿。丙纶具有较好的耐化学腐蚀性。丙纶的耐热性、耐光性、染色性较差。普通丙纶作为服用纤维，保暖性好，导湿性好，做内衣穿着无冷感。它在很多领域都有广泛应用。

12. 聚氨酯纤维

聚氨基甲酸酯纤维的商品名为氨纶，它是一种弹性纤维。它的细度变化范围很大，具有极好的延伸和弹性回复性能，可以拉伸到原来的4~7倍，且在外力释放后，基本能回复到原来的长度。氨纶的染色性能良好，色谱齐全，染色鲜艳。氨纶有较好的耐酸、耐碱、耐光和耐磨等性质，但是耐热性差。

氨纶一般与其他纤维一起做成包芯纱或加捻后使用，如纱芯为氨纶，外层为棉、羊毛、蚕丝等手感、吸湿性能优良的天然纤维的包芯纱。用这些纱线开发的机织或针织弹性面料柔软舒适又合身贴体，穿着者伸展自如。因此，广泛用于体操、游泳、滑雪、田径等项目的运动服和紧身内衣、弹力牛仔服装面料，以及医疗领域的绷带、压力服等。

第二节 ▶ 服装用纱线

纱线是由纺织纤维制成的细而柔软并具有一定力学性质的连续线状物品。各种纤维的性能和特点不同，所需纺纱系统也不同。以应用比较普遍的棉纺系统为例，其纺纱过程从棉包达到纺纱厂开始，经过开松、梳理、并条、粗纱和细纱等工序，逐渐将杂乱无章的棉纤维变成纤维伸直平行排列的棉条，最后被牵伸拉细加捻成为具有一定强度且条干均匀的单纱。

对于高质量的纱线，在普通梳理和并条后会加入精梳工序，尽量将纤维中的短纤维和杂质去除干净，使得纤维更加伸直平行排列，最终形成精梳纱线，其条干更加均匀光滑，光泽良好，可以生产档次更高的棉织物制品。

一、纱线结构

短纤维纱线按结构不同，包含单纱、股线和复捻股线。单纱是由短纤维沿轴向排列并经加捻纺制而成的纱，可以用于纯纺织物，也可以用于混纺织物；股线是由两根或两根以上的单纱捻合而成的线，如双股线、三股线和多股线，其强力、耐磨性好于单纱，主要用于缝纫线、编织线或中厚结实织物；复捻股线是按一定方式将股线合股并合加捻而成的线，比如缆绳。股线一般比相同细度的单纱具有更大的强度和均匀度。

长丝纱按结构不同，包含单丝、复丝和变形纱。单丝是由一根纤维长丝构成的，其直径大小取决于纤维长丝的粗细，一般只用于加工细薄织物或针织物，如尼龙袜、面纱巾等；复丝是由多根单纤维并合而成的有捻或无捻丝束，一般比同纤度的单丝柔软，多用于机织和针织衣料；变形纱是指对合成纤维长丝进行变形处理，使之由伸直变为卷曲而得到的纱线，也称为变形丝或加工丝。

除此之外，还有结构和外观独特的花式纱线。花式纱线是指通过各种加工方法获得的有特殊外观、手感、结构和质地的纱线。

二、纱线的品质指标

1. 细度

纱线细度不仅影响织物的厚薄、重量，而且对其外观风格和服用性能也构成一定的影响。纱线越细，其织造的织物越轻薄，织物手感越滑爽，加工的服装重量越轻便，反之亦然。纺高支纱、织轻薄面料是近年来服装材料的一个发展趋势，如高支精梳棉衬衫、高档轻薄羊毛面料服装等已逐渐成为服装之精品。

纱线细度通常用间接指标来表达，包含定长制和定重制，其定义方法同纤维细度的间接指标。

（1）线密度（特数）：对单纱而言，线密度（特数）可写成如"18tex""24tex"的形式。股线的特数用组成股线的单纱特数乘以股数表示，如18×2表示两根单纱为18tex的纱线合股。当组成股线的单纱特数不同时，则用各股单纱的特数相加表示，如14tex＋16tex。特数一般用于棉、麻、毛等短纤维纱线的细度表达。股线线密度表示的示意图如图2-15所示。

 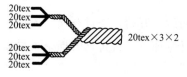

(a) 40tex单纱的三股线　　　　　　　　(b) 由6根20tex的单纱形成的复捻股线

图2-15　股线示意图（特数表示）

（2）旦数：天然纤维蚕丝或化纤长丝的细度通常用旦数来表示，如"24旦""30D"等。对股线的旦数，其表示方法与特数相同。

（3）公制支数：对单纱而言，公制支数可表示成"20公支""40Nm"的形式。股线的公制支数，以组成股线的单纱的公制支数除以股数来表示，如26/2、60/2等。如果组成股线的单纱的支数不同，则股线公制支数用斜线划开并列的单纱支数加以表示，如21/42。目前，我国毛纺及毛型化纤纯纺、混纺纱线的粗细仍有部分沿用公制支数表示。股线公制支数表示的示意图如图2-16所示。

 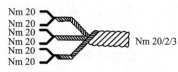

(a) 由60公支单纱纺成的双股线　　　　(b) 由6根20公支的单纱形成的复捻股线

图2-16　股线示意图（支数表示）

（4）英制支数（Ne）：对于棉纱，是指在公定回潮率时，1磅（454g）重的棉纱线有几个 840 码（1 码＝0.9144m）长。若 1 磅重的纱线有 60 个 840 码长，则纱线细度为 60 英支，可记作 60^s。股线的英制支数表示方法和计算方法同公制支数，如 $60^s/3$。

2. 捻度和捻向

纱线加捻的多少以及纱线在织物中的捻向与捻度的配合，对产品的外观和性能都有较大的影响。

纱线加捻角扭转一圈为一个捻回，捻度指的是纱线单位长度内的捻回数。我国棉型纱线采用特数制捻度，即用 10cm 纱线长度内的捻回数表示；精梳毛纱和化纤长丝则采用公制支数制捻度，即以每米内的捻回数表示；此外，还有以每英寸内捻回数表示的英制支数制捻度。在实际生产中，常用捻系数来表示纱线的加捻程度。捻系数可用纱线的捻度乘以纱线线密度的平方根计算得到，用于比较不同粗细纱线的加捻程度。

捻向指纱线加捻的方向。根据加捻后纤维或单纱在纱线中的倾斜方向来描述，分 Z 捻和 S 捻两种，如图 2-17 所示。加捻后，纱线的捻向从右下角倾向左上角，倾斜方向与"S"的中部相一致的称为 S 捻或顺手捻；纱线的捻向从左下角倾向右上角，倾斜方向与"Z"的中部相一致的称为 Z 捻或反手捻。一般单纱常采用 Z 捻，股线采用 S 捻。股线的捻向按先后加捻的捻向来表示。例如，ZSZ 表示单纱为 Z 捻、初捻为 S 捻、复捻为 Z 捻的股线。纱线的捻度和捻向不同，会形成不同外观、手感和强力的织物，对织物的光泽有一定的影响。

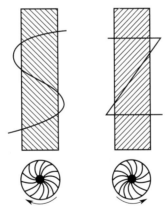

图 2-17　纱线的捻向

三、花式线

许多方法可以生产花式线，比如混合不同颜色的纤维并将它们纺成一根纱线；在纱线或纱条上印上一种图案；添加彩色纤维的小斑点或毛粒，然后将它们与纱线加捻；也可以通过花式捻线机将几根纱线加捻到一起，按照芯线与饰线喂入速度的不同和变化，形成粗细相间，具有节、圈、环等结构的花式线。花式线的应用赋予服装面料以高贵、典雅、立体、含蓄、细腻、休闲、自然、美观等不同风格特征，以满足人们追求时尚、个性的需求。花式线使用的原料种类广泛，几乎所有的天然纤维和常见化学纤维都可以作为生产花式线的原料，各种纤维可以单独使用，也可以相互混用，取长补短，充分发挥各自固有的特性。花式线发展到今天，种类繁多，性能各异，常见的花式线有以下几类。

1. 圈圈类花式线（图 2-18）

包含圈圈线、环圈线、波形线、毛巾线、辫子线、割绒线等。这种纱线由一根良好的基础纱线和一根蓬松粗纱组成，不同纱线在送入加捻机时通过超喂形成有规律的间隔的圈。好的圈圈类花式线，其纱圈的位置是固定不变的。

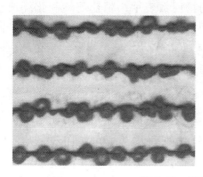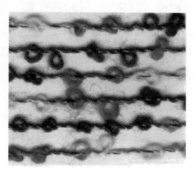

图 2-18　圈圈类花式线

2. 结子类花式线（图 2-19）

包含结子纱、结子线、疙瘩线等。其特点是在花式线的表面生成一个个相对较大的突出的结子，而这种结子是在生产过程中由一根纱缠绕在另一根纱上而形成的。

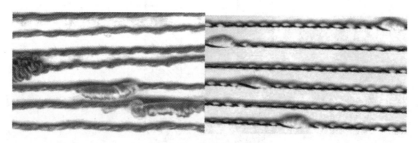

图 2-19　结子类花式线

3. 雪尼尔纱（图 2-20）

纤维被握持在合股的芯纱上，状如瓶刷，手感柔软，有单色、双色、彩色、段染绳绒线等变化。可用于机织物或针织物以及手工编结物。

4. 拉毛类花式纱线（图 2-21）

包含圈圈拉毛线、波形拉毛线、平线拉毛线等。圈圈拉毛线和波形拉毛线一般用锦纶长丝作芯纱和固结纱，饰纱用马海毛、林肯毛等。平线拉毛线用粗特涤纶制成彩色条，纺

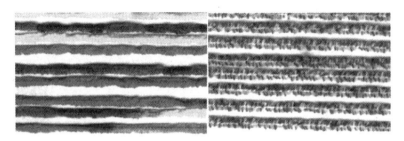

图 2-20　雪尼尔纱

成粗绒线后，再拉毛。这种拉毛效果不好，因为绒线经过拉毛后，强力降低，毛头也拉不长，仅在表面呈毛茸而已。

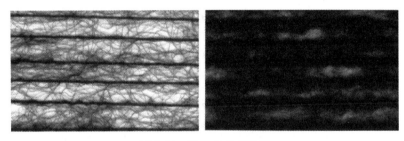

图 2-21　拉毛类花式纱线

5. 双组分纱（图 2-22）

也称 AB 纱，是利用两种不同颜色的纤维或不同染色性能的纤维先单独制成粗纱，再将粗纱同时喂入细纱机经牵伸后纺成，在纱线表面呈现对比度明显的色点效应。

图 2-22　双组分纱

6. 彩点线（图 2-23）

纱上有单色或多色彩点，长度短，体积小。在深色底纱上附着浅色彩点，也有在浅色底纱上附着深色彩点。这种彩点一般用各种短纤维先搓制成粒子，经染色后在纺纱时加入。短纤维粒子的加入，使该纱比一般纱粗些，用于粗梳呢绒较多，如粗花呢中的火姆司本（钢花呢）等。

图 2-23　彩点线

7. 羽毛线（图 2-24）

在钩编机上使纬纱来回交织在两组经纱间，把两组经纱间的纬纱在中间用刀片割断，使纬纱竖立于经纱上，成为羽毛线。用作羽毛的经纱大都是涤纶或锦纶长丝，而纬纱用光泽较好的三角涤纶或锦纶长丝，也有用有光黏胶短纤纱的。这种线的特点是轻盈、柔软且具有良好的保暖性，因此常被用于制作冬季服饰产品，同时，因其独特的质感和外观也经常被用于制作装饰品或手工艺品。

图 2-24　羽毛线

8. 金银丝花式线（图 2-25）

金银丝是涤纶薄膜经真空镀铝染色后切割成条状的单丝，由于薄膜延伸性强，在实际使用中往往要包上一根纱或线，成为金银丝花式线。这种线具有独特的闪光效果，可以为服装和服饰产品增添华丽和奢华的感觉。

9. 段染纱（图 2-26）

在同绞纱上染上多种色彩称为段染纱，一般一绞纱染 4～6 种颜色。其在花式线的应用很多，可用于大肚纱、粗特毛纱、粗节与波形线复合的花式线；也有用段染纱再加工花式线用于饰纱，做成多彩圈圈线；还有用作固结纱，使色彩丰富。这类花式线大都用于针织品，是近年来发展较快的一大类产品。段染用在正规平纱上效果也很好。

图 2-25　金银丝花式线

图 2-26　段染纱及其织物

10. 复合花式线（图 2-27）

随着花式线产品的应用越来越广泛，花式线的类型也越来越多，出现了把几种不同类型花式线复合在一起的复合花式线。如钩编机的松树线与圈圈线复合，雪尼尔线用段染长丝包绕成长结子或结子，使花式线产品更丰富多彩，并在后道产品的开发中得到了良好的效果。典型产品如结子与圈圈复合线、粗节与波形复合线、绳绒线与结子复合线、粗节与带子复合线、断丝与结子复合线、大肚与辫子复合线、圈圈与段染长丝复合线等。

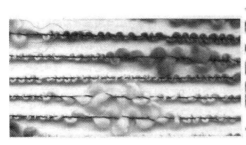

图 2-27　复合花式线

第三章

服装用织物

第一节 ▶服装用机织物

机织物又称梭织物，是由纵向的纱线（经纱）与横向的纱线（纬纱）交织形成的织物。在服装设计和加工中，将织物的经纱方向称为直丝缕，纬纱方向称为横丝缕，与布边呈45°夹角的方向称为正斜丝缕，如图3-1所示。

图 3-1 机织物及其丝缕方向

一、机织物形成

机织是将经、纬纱线在织机上相互交织成织物的工艺过程。在织造时，经纱应具有适当均匀的张力，并按照预定规律与纬纱交织，构成有一定组织、幅度和密度的织物。在花色织物的织前准备过程中，经、纬纱线首先经过染色，加工成色纱线，经纱经过绞纱上浆、络纱、带式整经和穿接经后制成织轴，纬纱卷绕成纡子便可在织机上进行交织，构成符合需要的织物。如图3-2所示为机织物的织造工艺过程示意图。

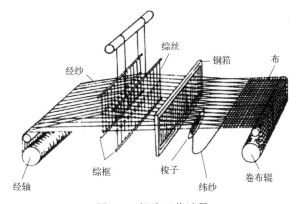

图 3-2 织造工艺过程

图 3-3 大提花织机及其生产的双面提花织物

为了获得不同的组织花纹，常采用凸轮（踏盘）开口机构、多臂开口机构或提花开口机构。在凸轮开口机构和多臂开口机构的织机上，可以织制平纹、斜纹和缎纹组织，以及由这些组织加以变化或联合的组织，或者由若干系统的经纱和若干系统的纬纱织成有特殊外观效应和性能的织物。织制多种纬纱的格子织物，可运用多梭箱、选纬器等机构。在提花开口机构的织机上可以织制花纹较大、组织复杂的提花组织织物。图 3-3 为大提花织机及其生产的双面提花织物。

二、机织物的分类

1. 按原料分类

（1）纯纺织物

构成织物的原料都采用同一种纤维，有棉织物、毛织物、丝织物、涤纶织物等。

（2）混纺织物

纺纱过程中将两种或两种以上的不同纤维混合在一起，然后用混纺纱线织布。

（3）交织织物

织布时经纬使用不同品种的纱线或纤维长丝（束）织成的面料。

（4）混并织物

采用由两种纤维的单纱经并合而成股线所制成。

2. 按组织结构分类

（1）基本组织

平纹组织、斜纹组织和缎纹组织是基本组织，也称为三原组织。

（2）变化组织

变化组织可以分为平纹变化组织、斜纹变化组织、缎纹变化组织等。

（3）联合组织

联合组织可以分为条格组织、绉组织、透孔组织、凸条组织、蜂巢组织等。

（4）复杂组织

复杂组织可以分为二重组织（经二重、纬二重）、双层组织、起毛组织、毛巾组织、纱罗组织等。

3. 按纺纱工艺分类

棉、毛织物是典型的具有不同纺纱工艺的织物。

棉织物按照不同纺纱工艺可分为以下三种。

（1）精梳棉织物

采用精梳棉纱织制，布面洁净平整，质地细致，光泽柔和，手感柔软滑糯，常用作高档制品。

（2）普梳棉织物

采用普梳棉纱织制，毛羽较多，手感丰满，保暖性好，用途广泛。

（3）废纺棉织物

采用低等级棉纤维，在废纺系统上纺制废纺纱后，再织制的废纺织物。

毛织物按照不同纺纱工艺可分为以下两种。

（1）精纺毛织物

精纺毛织物一般采用细度较细、长度较长、品质良好的毛纤维原料，其纱线结构紧密，多为 33.3～66.7tex（30～60 公支）双股毛线，织成的织物表面光洁，织纹清晰。该类织物多用于春秋服装、西装面料，但近年来超薄型精纺毛织物已开始用于衬衫面料，一般的薄型精纺毛织物可用于夏季裤料。

（2）粗纺毛织物

粗纺毛织物用粗梳毛纱织制而成。粗纺毛纱的结构较为蓬松，表面茸毛很多，纤维较粗而长度较短，纱线也比较粗，大多数产品均需做缩呢整理，以取得致密绒面，故织物表面多覆盖有短绒毛，质地厚实，织纹比较模糊。主要用于冬季服装，如大衣、制服、夹克等。

4. 按印染加工方法分类

不经过任何染整加工的织物称为坯布，坯布一般不能作为服装面料。织物按照印染加工一般可以分为以下五类。

（1）本色织物：用本色纱线织成后未经漂白、染色或印花的织物。

（2）漂白织物：漂白是一种去除原有颜色或者使颜色变淡的工艺过程，可以得到白皙且质地平滑的面料。

（3）匹染布：匹染是指将整个成型的面料进行染色处理的过程，可获得单一颜色的织物。

（4）色织布：色织布是在纺纱之后对经纬纱线进行染色，再进行编织，常用来生产条格类产品。

（5）印花布：印花是通过特殊设备将图案印到已经完成编织和预处理（如漂白）的面料上，使其表面形成各类花型的产品。

三、机织物的主要规格

1. 密度与紧度

（1）密度：织物经纬向单位长度内（10cm 或 1in）排列的经纬纱根数，品种、组织结构相同时，能表示相同粗细纱线织物的紧密程度。

经向密度 P_T：沿机织物纬向单位长度内所含的经纱根数。

纬向密度 P_W：沿机织物经向单位长度内所含的纬纱根数。

在织物的规格表示中，经密和纬密之间用符号"×"连接，如 80×74 表示织物经密为 80 根/in，纬密为 74 根/in；547×283 表示织物经密为 547 根/10cm，纬密为 283 根/10cm。

（2）紧度：在对不同粗细纱线的织物紧密程度进行比较时，不能采用密度指标来度量，必须同时考虑经纬纱特数和密度，可采用织物的相对密度来表示，即织物紧度，又称覆盖系数，它是指织物中纱线的投影面积与织物的全部面积之比。

2. 织物的宽度（幅宽）

通常用幅宽来表示面料的宽度，幅宽指的是织物最外边的两根经纱间的距离，一般习惯用厘米或英寸表示。

幅宽是重要的检测项目，检验时每匹布应测量三次，即布头、中间和布尾，常见的幅宽有 36in、44in、56～60in 等，分别称作窄幅、中幅与宽幅，高于 60in 的面料为特宽幅，常叫作宽幅布。

3. 织物的重量

以一平方米面积内织物的无浆干燥重量克数来表示。影响织物重量的因素有纤维比重、纱线粗细、织物内纱线密度等。织品的用途不同，对其重量的要求也不同，如丝织物重量一般为 50～100g，棉、黏纤织物重量为 100～250g，精纺毛呢重量为 150～300g，大衣类粗纺毛呢重量为 400～600g。

四、机织物的组织

1. 组织和组织图

经纱和纬纱正确地交织将得到设计循环，这样的设计循环就是机织物的组织，即经纱和纬纱浮沉交织的规律。为了形象地表达机织物的组织形态，通常会在方格纸上画出织物中经纱和纬纱相互交织的图解规律，称为组织图（或意匠图）。组织图中的纵行表示经纱，从左至右依次排列，横行表示纬纱，从下至上依次排列，如图 3-4 所示。每一个小方格代表经纱和纬纱的一个交织点，也称"浮点"。从织物的正面看，如果经纱浮在纬纱上面，称为经组织点或经浮点，在方格中以各种符号标识，如■、⊠、▨、⊡等，称为"上"；如果纬纱浮在经纱上面，则称纬组织点（纬浮点），以空白方格□表示，称为"下"。每根单独的经纱进入每片综，在方格纸上表示出来，称为穿综图。

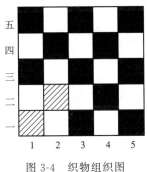

图 3-4　织物组织图

2. 组织类型及其常见织物

（1）基本组织

基本组织必须满足组织点飞数是常数，组织循环的经纱数等于纬纱数，每根经纱或纬纱上只有一个经（纬）组织点、其余均为纬（经）组织点这三个条件。

① 平纹组织。最简单的组织是平纹组织，它是由经、纬纱线一上一下相间交织而成，如图 3-5 所示。在这种组织中，所有的奇数经纱都已经被提起，为第一根纬纱形成开口，然后奇数的经纱下降，偶数经纱提起，形成第二个开口。

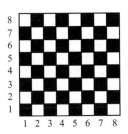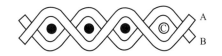

图 3-5　平纹组织

A—第一根纬纱；B—第二根纬纱；C—经纱

在实际使用中，根据不同的要求，采用不同方法，如经纬纱线粗细的不同、经纬纱排列密度的改变以及捻度、捻向和颜色等的不同进行搭配等，织物可获得各种特殊的外观效应，如横、纵凸条，隐条隐格，绉效应，泡泡纱效果等。绉效应是通过加强捻的绉纱在织物中收缩起拱而形成的一种具有特殊视觉效果的纹理效应，是一种典型的非规则纹理，典型织物如双绉、顺纤绉、树皮绉等。在织造平纹组织织物时，采用两个送经量不同的织轴，送经量小的经纱张力大而直，送经量大的经纱张力小而屈曲，形成泡泡纱效应。如图3-6 所示为平纹组织织造的特殊外观效应织物。

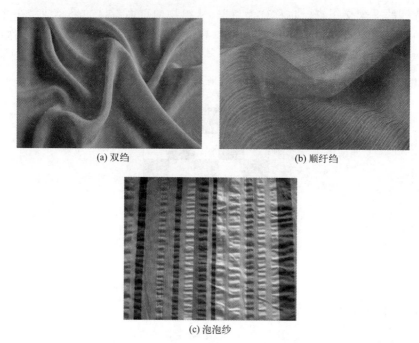

(a) 双绉   (b) 顺纤绉

(c) 泡泡纱

图 3-6　平纹组织织造的特殊外观织物

② 斜纹组织。斜纹组织的组织图上有经组织点或纬组织点构成的斜线，斜纹组织的织物表面上有经（纬）浮长线构成的斜向织纹。在斜纹组织中，经纱与纬纱的交织在织物中形成斜线效应，如图 3-7 所示。

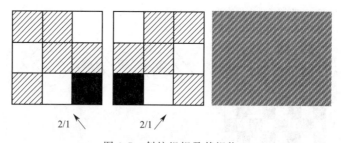

2/1 ↗   2/1 ↗

图 3-7　斜纹组织及其织物

③ 缎纹组织。缎纹组织的经线（或纬线）浮线较长，交织点较少，相互间隔距离有规律且均匀，一个完全组织中最少有五根经纬线数。缎纹根据形成一个完全组织的纱线数目来命名，如 5 枚缎纹、7 枚缎纹等，如图 3-8 所示。

缎纹组织经纬纱上下交织的次数比斜纹和平纹组织少得多，有较长的浮线披覆在织物表面，因而织物质地柔软，表面平滑匀整，富有光泽，但坚牢度比较差，在织物中应用很广。

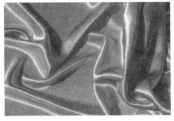

图 3-8　缎纹组织及其织物

（2）变化组织

① 平纹变化组织。重平组织是以平纹组织为基础，沿一个方向延长组织点的方法形成的，包括经重平组织和纬重平组织。经重平组织应用较多，其织物表面会呈横凸条纹，俗称双纬布。当重平组织中浮线长短不同时称为变化重平组织，传统的麻纱织物采用这种组织。方平组织是沿着经纬方向同时延长组织点所形成的组织，外观呈板块状席纹，结构较松散，有一定抗皱性能，如棉布类的牛津纺、中厚花呢类的板司呢都属于此类方平组织。如图 3-9（a）所示为经重平组织和织物，俗称双纬布，如图 3-9（b）所示为方平组织和织物，俗称双经双纬布或帆布。

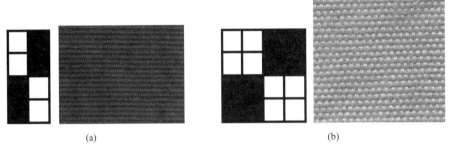

(a)　　　　　　　　　　　　(b)

图 3-9　变化平纹组织

② 斜纹变化组织。斜纹效应主要源于编织过程中经线和纬线交错连接的方式。在斜纹组织中，它们以某种固定比例相互错开，导致了视觉上明显的倾斜效果。斜纹效应不仅仅是视觉上的表现，更体现了该类布料独特且实用的物理属性。斜纹组织的变化比较丰富，可以得到十几种不同的变化组织，若再配上纱线颜色、结构的变化，则可以获得丰富多样的织物外观和广泛用途，如表 3-1 所示。

表 3-1　各类斜纹变化组织

名称	特点	应用	组织图	对应织物
加强斜纹	以原组织斜纹为基础，沿一个方向（经向或纬向）延长组织点而得到的	这种组织应用很广，如双面卡其、华达呢、哔叽、马裤呢等采用的都是这种组织。加强斜纹也常用于其他组织的基础组织		

名称	特点	应用	组织图	对应织物
复合斜纹	在一个组织循环中，由两条或两条以上不同宽度的斜纹线组成的斜纹	复合斜纹常用作其他组织的基础组织		
山形斜纹	以斜纹组织为基础，变化斜纹线的方向，使斜纹线一半向左，一半向右，连成山峰状	山形斜纹组织分为经山形和纬山形。经山形斜纹组织应用较广泛，常在棉织物中的人字呢，毛织物中的大衣呢、女式呢、花呢中采用		
破斜纹	由左斜纹和右斜纹组成，与山形斜纹不同的是，在左右斜纹的交界处有一条明显的分界线，称为"断界"，在断界两侧斜纹线改变且组织点相反	破斜纹织物具有较清晰的人字纹效应，因此较山形斜纹应用普遍。一般用于棉织物中的线呢、织物中的人字呢等		
菱形斜纹	由经山形和纬山形构成具有菱形图案的组织	菱形斜纹一般应用于棉织物中的女线呢、床单布，毛织物中的花呢类织物等。通过改变其基础组织，可以得到各种更美观的变化菱形斜纹，各类服装及装饰织物，如毛花呢等		

③ 缎纹变化组织。加强缎纹是以原组织的缎纹组织为基础，在单个经（或纬）组织点四周添加单个或多个经（或纬）组织点而形成的。图 3-10(a)、(b) 为 11 枚七飞纬面加强缎纹的组织图，是在原来单个经组织点的右上方添加三个组织点而成。此组织配合较大的经密，可以获得正面呈斜纹而反面呈经面缎纹的外观，故称之为缎背华达呢，这种组织在毛织物中用得比较多。图 3-10(c) 为阴影缎纹的织物效果图。

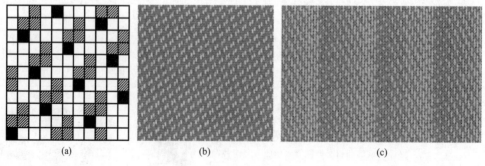

(a)　　　　　　　　　　(b)　　　　　　　　　　(c)

图 3-10　变化缎纹组织

（3）联合组织

将两种或两种以上的组织用不同的方法联合起来构成联合组织，可以是两种组织的简单合并，也可以是两种组织闪现的交互排列，或者在某一种组织上按另一组织的规律增加或减少组织点等。不同的联合方法获得不同的联合组织，在织物表面可以呈现几何图案或者小花型。应用比较广泛而且具有特定外观效应的联合组织主要有蜂巢组织、透孔组织、绉组织、凸条组织、条格组织、网目组织、平纹地小提花组织等。

① 蜂巢组织。是利用在一个组织循环内有长浮线和短浮线，即紧组织和松组织，二者相间配置，在织物表面形成规则的边高中低的凹凸花纹。蜂巢组织织物的外观具有规则的边高中低的四方形凹凸花纹，形状如同蜂巢，因此得名，俗称华夫格织物，如图 3-11 所示。

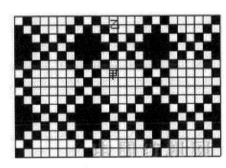

图 3-11　蜂巢组织及其织物

② 透孔组织。透孔组织的织物表面具有明显的均匀密布的孔眼。由于类似纱罗组织，故又称"假纱罗组织"。透孔组织织物多孔、轻薄、透气、散热，最适合做夏季面料及装饰用料，如图 3-12 所示。

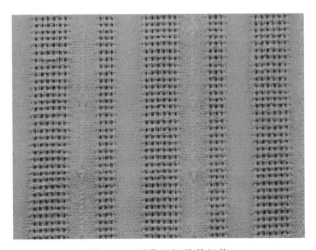

图 3-12　透孔组织及其织物

③ 绉组织。由织物组织中不同长度的经、纬浮线在纵横方向上错综排列，使织物表面形成分散且规律不明显的细小颗粒状并呈现皱效应的组织称为绉组织。用绉组织形成的织物表面反光柔和，手感柔软，有弹性，如图 3-13 所示，一般多用于女衣呢、乱麻、绉纹呢等。

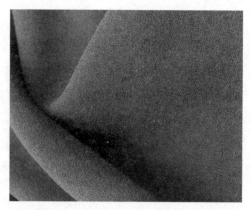

图 3-13　绉组织织物

④ 凸条组织。以一定方式把平纹或斜纹与平纹变化组织组合而成的织物组织，织物外观具有经向、纬向或倾斜的凸条效应。凸条表面呈现平纹或斜纹组织，凸条之间有细的凹槽。采用强捻纱或具有较高热收缩性能的化纤纱作纬纱，能加强凸条效应并有起绉效果。棉织物中的灯芯布和毛织物花呢类中的凸条花呢等都是用凸条组织织制的，织物富有凹凸立体感，丰厚柔软，可以用作各种休闲衣裤面料，如图 3-14 所示。

图 3-14　凸条组织织物制作的休闲西装

（4）复杂组织

① 双层组织（图 3-15）。分别由两组各自独立的经、纬纱线在同一台织机上形成织物的上下两层，这种织物称为双层织物。双层组织用途广泛，如毛织物中的厚大衣呢及工业用呢的造纸毛毯、棉织物的双层鞋面布等。现代织物设计中，利用双层组织的特性，可开发出各种外观独特的产品。

② 起毛组织。起毛组织通常指的是在纺织品制造过程中，通过特殊的处理方式，使得纺织品表面产生一层柔软且有保暖性的毛状物质。起毛组织有纬起毛和经起毛之分。

纬起毛组织（图 3-16）是由一组经纱与两组纬纱组成，其中一组纬纱（地纬）与经

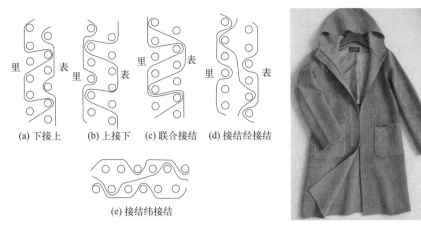

图 3-15　双层组织示意图和双层织物服装

纱交织成地布，用于固结毛绒和决定织物的坚牢度，另一组纬纱（绒纬）与经纱交织，但其纬浮长线覆盖于织物表面，通过割绒，将绒纬割开，经整理后形成毛绒。这类织物有灯芯绒、金丝绒、拷花大衣呢等。

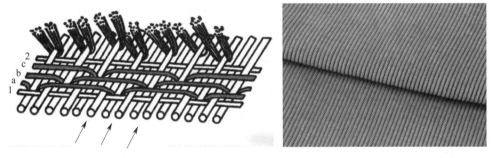

图 3-16　纬起毛组织示意图和灯芯绒织物

经起毛组织（图 3-17）由两个系统经纱（即地经与毛经）、同一个系统纬纱交织而成。地经与毛经分别卷绕在两只织轴上，地经纱分别形成上下两层梭口，纬纱依次与上下层经纱的梭口进行交织，形成两层地布。两层地布间隔一定距离，毛经位于两层地布中间，与上下层纬纱同时交织。两层地布间的距离等于两层绒毛高度之和，织成的织物经割绒工序将连接的毛经割断，形成两层独立的经起毛织物。

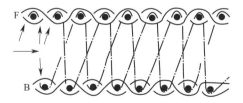

图 3-17　经起毛组织示意图

起毛组织形成的织物，由于织物表面的毛绒与外界摩擦，因此其耐磨性能好，且织物表面绒毛丰满平整，光泽柔和，手感柔软，弹性好，织物不易起皱，织物本身较厚实，并借耸立的绒毛组成空气层，所以保暖性亦好。平绒织物适宜制作妇女、儿童秋冬季服装以及轻、帽料等，还可用作幕布、火车坐垫、精美贵重仪表和装饰品的盒里等装饰与工业用织物。

③ 毛巾组织。织制毛巾织物的组织。毛巾织物的毛圈是借助织物组织及织机送经打纬机构的共同作用所构成的，需要两个系统的经纱（即毛经和地经）和一个系统纬纱交织而成。地经与纬纱构成底布成为毛圈附着的基础，毛经与纬纱构成毛圈。毛巾织物按毛圈分布情况可分为双面毛巾、单面毛巾和花色毛巾三种。

毛巾织物具有良好的吸湿性、保温性和柔软性，适宜做面巾、浴巾、枕巾、被单、浴衣、睡衣、床毯和椅垫等。为了实现良好的服用性能，毛巾织物一般采用棉纱织制，但在个别情况下，如装饰织物，可根据用途选用其他纤维的纱线（如人造丝、腈纶等）制成。

④ 纱罗组织（图 3-18）。由地、绞两个系统经纱与一个系统纬纱构成的经纱相互扭绞的织物组织。纱罗织物上经纱相互扭绞形成清晰匀布的孔眼，经纬纱密度较小，织物较为轻薄，结构稳定，透气性良好。适宜制作夏季服装，窗帘、蚊帐等日用装饰织物，也可用作无梭织机织物的布边组织。

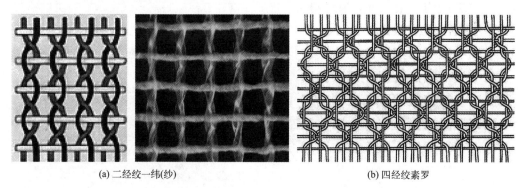

(a) 二经绞一纬(纱)　　　　　　　　　　　　(b) 四经绞素罗

图 3-18　纱罗组织示意图及其织物

第二节 ▶ 服装用针织物

在制作服装的主要材料中，除了人们熟知的机织物外，还有一个大类是针织物。针织物的伸缩性和弹性普遍优于机织物，被广泛用于内衣、毛衫和运动类服装及各种装饰品。随着技术的发展和人们生活方式的改变，针织物逐步向更加广泛的服装领域发展。

一、针织物的形成与分类

针织是利用织针将纱线弯曲成线圈，并将其相互串套起来形成织物的一门工艺技术，形成的织物称为针织物。根据纱线在织物中的成圈方向，可以将针织物分为纬编织物和经编织物。

纬编是由一根或几根纱线沿纬向喂入纬编针织机的工作针上，使纱线在横向顺序地弯曲成圈并在纵向相互串套而形成织物的加工工艺，形成的织物称为纬编织物，如图 3-19（a）所示。

经编是由一组或几组平行排列的纱线沿经向喂入经编针织机的所有工作针上，同时进行成圈，线圈纵向互相串套、横向连接而形成织物的加工工艺，形成的织物称为经编织物，如图 3-19（b）所示。

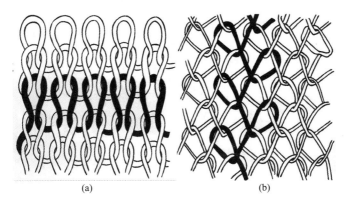

(a)　　　　　　　　　　　　　(b)

图 3-19　针织物示意图

为了生产出不同种类的针织物，针织设备也有很多种。

① 按工艺类别分，有纬编机和经编机。

② 按针床数分，有单针床针织机和双针床针织机。

③ 按针床形式分，有平型针织机和圆型针织机。

④ 按用针类型分，有钩针机、舌针机和复合针机。

日常比较常见的是纬编针织物，如毛衫、内衣、袜子和手套等。通常毛衫在针织横机（平型针织机）上制作，内衣用面料大多采用针织圆机（圆型针织机）制造。袜子和手套由专门的袜机和手套机制作。

针织物按纤维原料可分为以下几种。

① 以单一原料的纯纺纱线针织而成的纯纺针织物。

② 以含有两种或两种以上原料的混纺纱线针织而成的混纺针织物。

③ 以两种或两种以上纱线或长丝并合或间隔针织而成的交织针织物。

针织物按用途可分为以下几种。

① 服装用针织物，如用于内衣、外衣、紧身衣、运动服、袜子、手套等。

② 室内装饰用针织物，如用于毛巾、枕巾、床罩、蚊帐、窗帘等。

③ 医疗用针织物，如用于人造血管、绷带、护膝等。

④ 产业用针织物，如用于水龙带、滤管、滤布、衬垫布、渔网等。

二、针织物的特点

针织物的基本结构单元为线圈，针织物中线圈在横向连接的组合称为横列，如图 3-20 中的 a-a 横列；线圈在纵向串套的组合称为纵行，如图 3-20 中的 b-b 纵行；在同一横列中，相邻两线圈对应点之间的水平距离 A 称为圈距；在同一纵行中，相邻两线圈对应点之间的垂直距离 B 称为圈高。圈距和圈高的大小直接影响针织物组织的紧密程度。

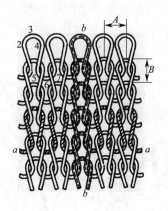

图 3-20　纬平针组织线圈结构图

针织物的线圈是三度弯曲的空间曲线，当针织物受力时，弯曲的纱线会变直，圈柱和圈弧部段的纱线可互相转移，如图 3-21 所示。因此针织物延伸性大、弹性好，这一特点使得针织衣物在穿着时既合体又能随着人体各部位的运动而自行扩张或收缩，给人体以舒适的感觉。

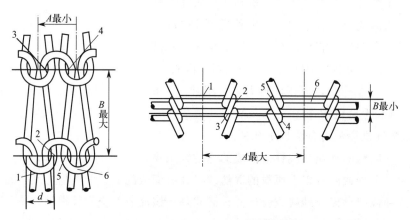

图 3-21　针织物中圈柱与圈弧的转移

针织物可以直接加工成无缝内衣、毛衫、手套、袜子等成品或者半成品，这是针织工艺独有的成形性特征。在编织时，通过改变针床的针数而改变织物的宽度，使之成形，既能减少裁剪损失，节约原料，也减少了工艺流程，提高了生产效率。适合制作各种运动服、休闲服、内衣、T恤衫、羊毛衫、袜子、手套、围巾等。

针织物也有一些缺点。针织物的线圈结构使得织物中某根纱线断裂就会引起线圈与线圈彼此分离和失去串套，由此造成针织物的脱散。脱散性受纱线性质、线圈长度、组织结构等因素的影响。脱散会影响针织物的外观，甚至造成织物的部分或全部损坏。

某些组织的针织物在自由状态下边缘会出现包卷，称为卷边性。卷边会增加针织物加工的困难，但有时也可以利用针织物的卷边性实现特殊的设计效果，如在毛衫的领口、袖口等处的卷边设计，如图 3-22 所示。

图 3-22　利用针织物的卷边性所做的设计

三、针织物的组织类型及其常见织物

纬编针织物普遍用于各类服装中，以下主要介绍纬编针织物的组织类型及其常见织物。纬编的原组织包括纬平针、罗纹和双反面组织，构成了所有纬编组织的基础。在原组织基础上衍生出各种变化组织和花色组织，如双罗纹、提花、集圈、毛圈、纱罗、长毛绒组织等。

1. 纬平针组织

纬平针组织由连续的单元线圈向一个方向串套而成，是最基本和最常用的组织。采用纬平针组织制成的平纹单面针织布俗称汗布。纬平针组织织物正反面明显不同，正面呈现纵向条纹效果，反面呈现圆弧状，连续形成横向纹路，横向延伸性较好，如图 3-23 所示。常用来制作 T 恤、文化衫、童装、家居服、睡衣、毛衫等。

图 3-23　纬平针组织线圈结构图（正反）

2. 罗纹组织

罗纹组织是由正面线圈纵行和反面线圈纵行以一定的组合相间配置而成的双面纬编基本组织。每一横列由一根纱线编织而成，在自由状态下，正面线圈纵行遮盖部分反面线圈

纵行，如图 3-24(a) 所示；横向拉伸时会露出反面线圈纵行，如图 3-24(b) 所示，1、2、3 为正面线圈，4、5、6 为反面线圈。按正反面线圈纵行的配置比例，用数字 1＋1、2＋2、3＋2 等表示。

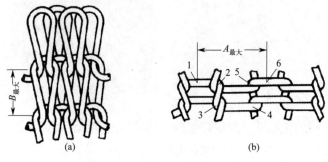

图 3-24　罗纹组织的横向延伸

罗纹针织物横向具有较大的弹性和较好的延伸性，正、反线圈纵行相同（如 1＋1、2＋2 等）的罗纹组织，因造成卷边的力彼此平衡，基本不卷边；正、反线圈纵行不相同（2＋1、2＋3 等）的罗纹组织，存在微卷边，但卷边现象不严重。罗纹针织物主要用于领口、袖口、下摆、袜口或紧身弹力衫裤等。如图 3-25 中，图（a）为 2＋2 罗纹，图（b）为花式罗纹。

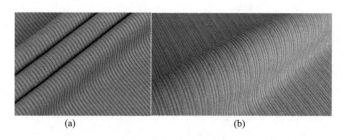

图 3-25　罗纹组织织物

3. 双反面组织

双反面组织由正面线圈横列和反面线圈横列相互交替配置而成。双反面组织线圈圈柱由前至后、由后至前，使织物的两面都是圈弧突出在前，圈柱凹陷在里。在织物正反两面，看上去都像纬平针组织的反面，所以称为双反面组织。

双反面组织织物纵向延伸大，使纵横向延伸性相近，纵向密度增大，厚度增加。与罗纹组织一样，根据正反面线圈横列组合形式的不同，双反面组织用数字 1＋1、2＋2、3＋2 等表示，可以形成风格多样的横向凹凸条纹。主要应用于毛衫、手套、袜子及婴幼儿产品。

4. 双罗纹组织

双罗纹组织是由两个罗纹组织彼此复合而成的双面纬编组织，在一个罗纹组织线圈纵行之间配置了另一个罗纹组织的线圈纵行，如图 3-26 所示。

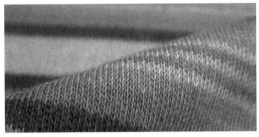

图 3-26　双罗纹组织示意图及其织物

双罗纹组织延伸性与弹性均小于罗纹组织，布面不卷边，线圈不歪斜，织物表面平整、结构稳定、厚实、保暖性好。双罗纹织物应用广泛，主要用于棉毛衫裤、内衣、儿童套装、休闲服、运动装和外套等，精梳优质丝光、烧毛棉毛布可用作高档男 T 恤。

5. 提花组织

提花组织是将纱线垫放在按花纹要求所选择的某些织针上编织成圈，而未垫放纱线的织针不成圈，纱线呈浮线，处于这些不参加编织的织针后面的纱线所形成的一种花色组织，如图 3-27 所示。

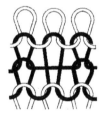

图 3-27　提花组织示意图及其织物

提花组织分为单面提花和双面提花，单面提花组织织物的反面呈现浮线，双面提花组织织物的反面通常呈现不同的花型效果。其织物一般延伸性弱，脱散性不强，织物厚，克重大。广泛用于各种外衣和装饰用品。

6. 集圈组织

集圈组织是一种在针织物的某些线圈上，除套有一个封闭的旧线圈外，还有一个或几个悬弧的花色组织，如图 3-28 所示。其结构单元为线圈和悬弧。

集圈组织常见产品有珠地网眼、畦编和半畦编组织。珠地网眼针织物是一种比较常用的针织面料，结构稳定性较好，厚度较平针与罗纹组织的大，通常用于 T 恤衫、运动衫、休闲装和毛衫、围巾等。

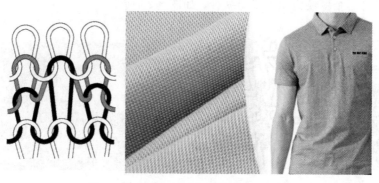

图 3-28　集圈组织示意图及珠地针织物

7. 毛圈组织

毛圈组织是由平针线圈和带有拉长沉降弧的毛圈线圈组合而成的一种花色组织，如图 3-29 所示。毛圈组织织物具有良好的保暖性与吸湿性，产品厚实、柔软。被广泛用于毛巾、毛巾袜、毛巾毯、睡衣、浴衣、婴幼儿服装以及休闲服等，较薄的毛圈布还可制作夏季的毛巾衫、连衣裙等。

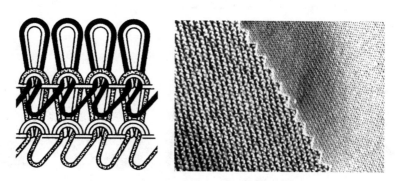

图 3-29　毛圈组织示意图及其织物

8. 纱罗组织

纱罗组织是在纬编基本组织的基础上，按照花纹要求将某些针上的针编弧进行转移，即从某一纵行转移到另一纵行，因此也被称为移圈组织。纱罗组织可以形成孔眼、凹凸、纵行扭曲等效应，移圈处线圈圈干倾斜，两线圈合并处针编弧重叠，形成比较明显的表面肌理效果。

（1）挑花（空花）组织。即网眼纱罗组织，通过移圈使得织物上形成孔眼效应，透气性好，常用于夏季汗衫、披肩等产品中起到透气效果，也常用于毛衫中形成一定规律的花纹效应。如图 3-30 所示。

（2）绞花组织：将两组相邻纵行的线圈相互交换位置，就可以形成绞花花型，根据相互移位的线圈纵行数不同，可形成 2×2、3×3 绞花。绞花组织常用于棒针产品中起到扭

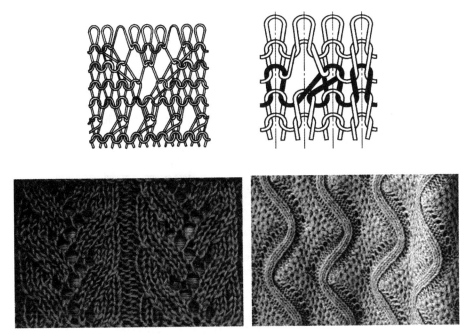

图 3-30　网眼纱罗组织示意图及其织物

曲的花纹效果。绞花毛衣手感比较软糯厚实，凹凸立体的花纹打破了严肃感，多了一点休闲、复古的味道，如图 3-31 所示。

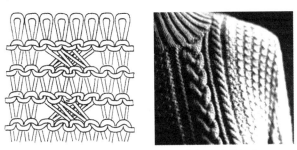

图 3-31　单面绞花纱罗组织示意图及其织物

（3）阿兰花组织：利用移圈的方式使两个相邻纵行上的线圈相互交换位置，在织物中形成凸出织物表面的倾斜线圈纵行，组成菱形、网格等各种结构花型。阿兰花组织多用于休闲、粗犷风格的毛衫等服装上，如图 3-32 所示。

图 3-32　阿兰花组织毛衫

9. 长毛绒组织

在编织过程中，用纤维束与地纱一起喂入而编织成圈，同时纤维以绒毛状附在针织物表面的组织，又称为人造毛皮。分为普通长毛绒和提花或结构花型的长毛绒。长毛绒组织织物手感柔软，比天然毛皮轻，保暖性和耐磨性好，不易被虫蛀。纤维留在织物表面的长度不一，可以做成毛绒和毛干两层。主要用于仿裘皮外衣、防寒服、夹克、童装、帽子、玩具、拖鞋、服饰品等。如图 3-33 所示。

图 3-33　长毛绒组织示意图及其织物

第三节 ▶非织造布

非织造布旧称无纺布或不织布，它不需要纺纱织布，而是由成网纤维直接成布，其生产工艺技术突破了传统的纺织原理，综合应用了纺织、化纤、化工、造纸等工业技术。非织造布的应用，最早以生产低档的鞋帽衬、絮垫、保温材料等产品为主，后来逐渐扩展到服装、家庭用装饰用品、医疗卫生用品、工业用品等方面。

一、非织造布的定义

非织造布指定向或随机排列的纤维通过摩擦、抱合、黏合或这些方法的组合而制成的片状物、纤网或絮垫（不包括纸、机织物、针织物、簇绒织物、带有缝编纱线的缝编织物以及湿法缩绒的毡制品）。其纤维可以是天然纤维或化学纤维，可以是短纤、长丝或当场形成的纤维状物。非织造布的真正内涵是不织，也就是说它是不经传统的纺纱和织造工艺而制成的布状产品。从结构特点上讲，非织造布是以纤维的形式存在于布中的，不同于纺织品是以纱线的形态存在于布中，这是非织造布区别于普通纺织品的主要特点。

二、非织造布生产的优势

与机织物和针织物相比，非织造布具有自己独特的结构特征和工艺特点，这使得世界非织造布工业得到了飞速的发展。

1. 非织造布的原料使用范围广，产品品种多

除纺织工业所用的各类原料外，纺织工业不能使用的各种下脚原料、没有传统纺织工艺价值的原料、各种再生纤维都能用于非织造布工业中。一些在纺织设备上难以加工的无机纤维、金属纤维（如玻璃纤维、碳纤维、石墨纤维、镍纤维、不锈钢纤维等）也可通过非织造的方法加工成各种工业用产品。

一些新型的高性能、功能型化学纤维（如耐高温纤维、超细纤维、抗菌纤维、高强纤维、高模量纤维、高吸水纤维乃至极短的纤维素纤维、纸浆等）都可以用于非织造布工业。由于纤维使用的广泛性，使得非织造布产品具有多样性，而且可以加工成各种生活用品及具有一定功能性和附加值较高的产业用非织造布产品。

2. 非织造布的生产工艺简单，劳动生产率高

传统纺织工业的工艺过程繁而长，而非织造布的工艺过程却简而短。如纺黏法非织造布，其工艺流程比传统纺织品少几十倍。有的加工生产线从投料开始，几分钟就可以生产出产品来。与传统的纺织工艺相比，非织造布的产量成倍增长，劳动力少、占地少、建厂快，劳动生产率提高了 4～5 倍。由于非织造布工业加工流程短，所以产品变化快、周期短、质量易控制。

3. 生产速度快，产量高

非织造布与传统纺织品的生产速度之比是（100～2000）∶1。非织造布产品下机幅宽大，一般为 2～10m，甚至更宽，因此单产量远远超过了传统纺织工业。速度、产量的提高使经济效益也明显提高，非织造布产品的利润率一般为 10%～40%。

4. 工艺变化多，产品用途广

非织造布的加工方法多且每种方法的工艺又可多变；各种加工方法还可以互相组合组成新的加工工艺。从工艺变换上讲，设备工艺参数的变化，黏合剂种类、浓度的变化及加固工艺参数的变化都能引起产品的变化。产品结构、性能的变化，将导致产品品种的增多、功能及应用范围的扩大。

三、非织造布的分类

非织造布的类型很多，分类方法也有多种。一般可按厚薄分为厚型非织造布和薄型非

织造布；也可按使用强度分为耐久型非织造布和用即弃非织造布（即使用一次或几次就抛弃）。还可按应用领域和加工方法分类。按加工方法分类，首先按照纤维成网将非织造布分为干法非织造布、湿法非织造布和聚合物直接成网法非织造布三大类；干法一般利用机械梳理成网，然后再加工成非织造布；湿法一般采用造纸法即利用水流成网，然后再把纤网加工成非织造布；聚合物直接成网法是将聚合物高分子切片通过熔融纺丝（长丝或短纤）直接成网，然后再把纤网加工成非织造布。按照纤网固结方法对其进一步细分，包含机械加固、化学黏合加固和热黏合加固等，具体分类见图3-34。

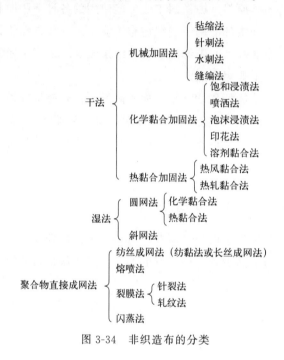

图 3-34　非织造布的分类

四、非织造布的应用

① 服装用衬垫材料，包括普通非织造衬、绣花衬、黏合衬、衬绒、衬里、领底衬、垫肩、絮棉等。

② 保暖填絮，包括喷胶棉、定型棉、蓬松棉，以及远红外纤维絮片、太阳棉（多层结构）、仿丝棉等。

③ 医疗卫生用品，包括手术衣、防护服、消毒包布、口罩、尿片、妇女卫生巾等。

④ 合成革基布，一般为针刺或水刺非织造布。在高档合成革基材中，还采用超细纤维，使产品柔滑细软。仿麂皮绒是用海岛型超细纤维加工成合成革基材后，再进行PU湿法涂膜，并将微孔层磨去，略露纤维绒头，最后经柔软剂处理后得到的高档服装材料。

⑤ 防护织物，包括劳防服、口罩与面罩、手套、鞋罩等，经常采用涂层或复合闪蒸法非织造布。涂层经常采用的材料有聚乙烯（PE）涂层或聚四氟乙烯（特氟纶，Teflon）涂层。

第四节 ▶服装用织物的分析

织物分析是纺织工业中的一个重要环节，这一过程不仅关乎产品的质量，更直接影响产品在市场上的竞争力。主要包括原料鉴别，正反面区分，经纬向区分，密度、厚度、重量等参数分析。

一、原料鉴别

织物的原料鉴别是纺织品分析的重要组成部分。纤维原料种类繁多、性能各异，不同纤维的应用和组合搭配在很大程度上决定了服装用面料和服装的价格、性能等，科学分析和鉴别服装纤维原料的种类对于保证最后产品的质量和性能表现起着至关重要的作用。常用的纤维鉴别方法包括形态特征鉴别和理化性质鉴别。形态特征鉴别常用显微镜观察法。理化性质鉴别的方法很多，有燃烧法、溶解法、试剂着色法、熔点法、密度法、双折射法、X 射线衍射法和红外吸收光谱法等。纤维原料鉴别可依据行业标准《纺织纤维鉴别试验方法》（FZ/T 01157.1～9—2007）的规定进行操作。《纺织纤维鉴别试验方法》列举了通用说明和燃烧法、显微镜法、溶解法、含氯含氮呈色反应法、熔点法、密度梯度法、红外吸收光谱法、双折射率法等试验方法。

根据各种纤维特有的物理化学性能，应采用不同的分析方法对样品进行测试，通过对照标准照片、标准图谱及标准资料来鉴别未知纤维的类别。应注意以下几点。

① 所取试样应具有充分的代表性。如果发现样品存在不均匀性，则试样应按每个不同部分逐一取样。

② 试样上附着的物质可能掩盖纤维的特性，应选择适当的溶剂和方法将其去除。但要求去除方法对纤维本身没有影响。

③ 先采用燃烧法将试样的纤维分出天然纤维、化学纤维大类，然后采用显微镜法分出何种天然纤维、何种化学纤维，再采用溶解法等一种或几种方法确认。

（1）手感法

通过摸触纤维来判断其质地、硬度和弹性等。这种方法简便，不需要任何仪器，但需要鉴别人员有丰富的经验。常见纤维的手感特征见表 3-2。

表 3-2 常见纤维的手感特征

纤维名称	手感
棉花	凉快、无弹性、柔软和干爽
亚麻	凉快、坚韧、硬挺和干爽
真丝	温暖、挺爽、光滑和干爽
羊毛	温暖、有弹性、毛糙和干爽
涤纶、锦纶	凉快、有弹性、光滑和滑溜

纤维名称	手感
腈纶	凉快、有弹性、光滑和干爽
维纶	凉快、弹性差

（2）观察法

通过肉眼或显微镜观察纤维的形状、颜色和光泽等特性。其中，肉眼观察需要鉴别人员有丰富的经验；显微镜观察是利用不同纤维所具有的独特的外观形态、横截面和纵向特征，借助生物显微镜在适宜的倍数下观察各种纤维的纵向和横截面的形状，以此鉴别纤维。在显微镜下，天然纤维的特征比较明显；合成纤维因合成工艺的不同而呈现出不同的形状，有时需用其他辅助方法加以确认。常见纤维的外观形态如表3-3所示。

表3-3　常见纤维的外观形态

纤维名称	横向截面	纵向截面
棉	腰圆形,有中腔	扁平带状,有天然转曲
亚麻	多角形	有横节,竖纹
苎麻	腰圆形,有中腔	有横节,竖纹
羊毛	圆形或近似圆形,有些有毛髓	表面有鳞片
兔毛	哑铃形,有毛髓	表面有鳞片
桑蚕丝	不规则三角形	光滑平直,纵向有条纹
普通黏纤	锯齿形,皮芯结构	纵向有沟槽
富强纤维	较少齿形,或圆形、椭圆形	表面平滑
醋酯纤维	三叶形或不规则锯齿形	表面有纵向条纹
腈纶	圆形、哑铃形或叶状	表面平滑或有条纹
氯纶	接近圆形	表面平滑
氨纶	不规则形状,有圆形、土豆形	表面暗深,呈不清晰骨形条纹
涤纶、锦纶、丙纶	圆形或异形	平滑
维纶	腰圆形,皮芯结构	1～2根沟槽

（3）燃烧法

这是一种常用且有效的方法。不同类型的纤维在点燃后，火焰、气味和灰烬都有各自的特征，通过仔细观察纤维在燃烧过程中和燃烧后的这些特征来鉴别纤维原料的类型，这种方法可以比较好地区分纤维素纤维、蛋白质纤维和合成纤维大类。常见纤维的燃烧特征见表3-4。

表3-4　常见纤维的燃烧特征

纤维名称	接近火焰	在火焰中	离开火焰后	燃烧后残渣形态	燃烧时气味
棉、黏胶纤维	不熔不缩	迅速燃烧	继续燃烧	少量灰白色的灰	烧纸味
麻、富强纤维	不熔不缩	迅速燃烧	继续燃烧	少量灰白色的灰	烧纸味
羊毛、蚕丝	收缩	逐渐燃烧	不易延烧	松脆黑灰	烧毛发臭味
涤纶	收缩熔融	先熔后燃烧,有熔液滴下	能延烧	玻璃状黑褐色硬球	特殊芳香味
锦纶	收缩熔融	先熔后燃烧,有熔液滴下	能延烧	玻璃状黑褐色硬球	烂瓜子、烂花生味

纤维名称	接近火焰	在火焰中	离开火焰后	燃烧后残渣形态	燃烧时气味
腈纶	收缩、微熔发焦	熔融燃烧，有发光小火花	继续燃烧	松脆黑色硬块	有辣味
维纶	收缩、熔融	燃烧	继续燃烧	松脆黑色硬块	特殊的甜味
丙纶	缓慢收缩	熔融燃烧	继续燃烧	硬黄褐色球	轻微的沥青味
氯纶	收缩	熔融燃烧，有大量黑烟	不能延烧	松脆黑色硬块	有氯化氢臭味

（4）溶解法

使用不同溶剂对样品进行处理，根据其是否溶解以及溶解程度来鉴别纤维类型。例如，棉花在 50％浓硫酸中会被完全溶解，而羊毛则不会。

（5）染色法

某些纤维对染料有特殊反应，可以通过染色后观察颜色变化来判断原料类型。

（6）其他化学试验方法

例如利用各类荧光剂对具有荧光性质的纤维进行检测等。

需要注意的是，在实际操作中，通常需要结合多种方法才能准确鉴别出原材料。专业人员还可能使用更复杂、更精确的设备如傅里叶变换红外光谱仪（FTIR）或扫描电子显微镜（SEM）等进行分析。总而言之，正确地识别并选择适当的原材料是制造优质织物产品必不可少的步骤。

二、正反面区分

每种织物都有其独特的正反面特征，这些特征对于产品的外观、舒适度、设计加工甚至使用寿命都有直接影响。正确识别并理解产品正反面对于评估其质量、功能以及最佳使用方法等方面非常关键。织物正反面的区分主要依靠以下几种方式。

① 一般织物正面的花纹、色泽均比反面清晰美观，特别是具有条格外观的织物和配色模纹织物，其正面花纹必然是清晰悦目的。

② 对于有图案或者花纹的布料，正面通常颜色更鲜艳，图案更清晰。

③ 凸条及凹凸织物，正面紧密而细腻，具有条状或图案凸纹，而反面较粗糙，有较长的浮长线。

④ 观察织物的布边，布边光洁、整齐的一面为织物正面。

⑤ 对于平纹织物，经线和纬线交叉处，若经线在上，则为正面；若纬线在上，则为反面。

⑥ 对于斜纹织物，纱斜纹织物以左斜（↖）为正面，线斜纹织物以右斜（↗）为正面。

⑦ 对于起毛织物，单面起毛织物，其起毛绒的一面为织物正面；双面起毛织物，则以绒毛均匀、整齐的一面为正面。

⑧ 对于双层、多层及多重织物，如正反面的经纬密度不同，则一般正面具有较大的密度或正面的原料较佳。

⑨ 对于纱罗织物，纹路清晰、绞经突出的一面为织物正面。

⑩ 对于已经加工过的布料（如衣服），通常可以通过缝制痕迹来判断其正反面。例如，针脚、接口等部位一般都在反面。

⑪ 很多商用布料会在其反面印有生产厂家信息、使用说明等内容，也可能附带洗涤标签等，根据这些情况就能直接确定哪一面是反面。

对于某些特殊类型或高档次的纺织品，可能需要利用专业设备进行微观结构分析才能准确判断其正反面。

三、经纬向区分

服装面料的经纬向在服装生产中尤为重要，面料的经向和纬向特性有明显不同，并且面料的物理性能测试多数都需经纬方向分开进行，因此经纬向区分是织物分析的重要部分。以下是一些基本方法。

① 看布边。如被分析织物的样品是有布边的，则与布边平行的纱线便是经纱，与布边垂直的纱线则是纬纱。

② 看密度。一般织物密度大的一方为经纱，密度小的一方为纬纱。

③ 看纱线。织物中若纱线的一组是股线，而另一组是单纱时，则通常股线为经纱，单纱为纬纱。

④ 看捻向。若单纱织物的成纱捻向不同，则 Z 捻纱为经向，S 捻纱为纬向。

⑤ 看捻度。若织物成纱的捻度不同，则捻度大的多数为经向，捻度小的为纬向。

⑥ 看上浆。含有浆的是经纱，不含浆的是纬纱。

⑦ 看弹力。如果一个方向有弹力，则此方向为纬纱；如果双向都有弹力，则弹力大的方向为纬纱。

⑧ 看纱线条干。如织物的经纬纱线密度、捻向、捻度都差异不大，则纱线的条干均匀、光泽较好的为经纱。

⑨ 看筘痕。筘痕明显的织物，筘痕方向为织物的经向。

⑩ 对于毛巾类织物，起毛圈的纱线为经纱，不起毛圈的纱线为纬纱。

⑪ 对于条子和格子织物，一般沿条子方向的纱线为经纱，格子偏长或配色比较复杂的纱线为经纱。

⑫ 对于纱罗织物，有扭绞的纱线为经纱，无扭绞的纱线为纬纱。

⑬ 若织物有一个系统的纱线具有多种不同的线密度时，则这个系统方向为经向。

⑭ 在不同的原料纱线的交织物中，如棉毛、棉麻、棉与化纤的交织物中，一般棉为经纱；毛丝交织物中，丝为经纱；天然丝与人造丝交织物中，天然丝为经纱。

四、规格参数分析

织物的密度、厚度和质量对于判断纺织品的耐用性、透气性、保暖性等特性有着重要影响。同时，在生产过程中还需要考虑原材料成本、加工难易程度等因素，以达到最佳效果。

1. 密度

织物单位长度中排列的经、纬纱根数称为织物的经、纬纱密度。可以通过显微镜测定，使用照布镜或织物密度分析镜观察并计数得出，或者使用专门设备进行测量。图 5-1（a）所示为 Y511B 型织物密度分析镜，图 5-1(b) 为照布镜。

(a)　　　　　　　　(b)

图 3-35　织物密度分析工具

对于织物密度大、纱线特数小的规则组织织物，可以采取间接测量的方法。首先分析织物组织及其组织循环经（纬）纱数，确定一个完全组织中的经（纬）纱根数；然后计算当前测量距离内的经（纬）根数，计算方法为：完全组织个数×一个完全组织中经（纬）纱根数＋剩余经（纬）纱根数；最后再折算成 10cm 中的经（纬）纱根数，即为织物的经（纬）纱密度。

2. 厚度

可以使用专门的织物厚度测定仪来测定织物厚度。在操作过程中，应保持仪器垂直于样品表面，并尽可能选择无疵点进行测量。

3. 质量

织物质量一般以克重表示，即单位面积（如 m^2）内的质量（g）。可以通过电子天平等设备准确称重后再结合已知面积计算得出。

第四章

织物的印染后整理

纤维经过纺纱、织造形成了织物的坯布，坯布需要经过染整加工才能成为成品。染整是指通过化学处理和机械处理，使坯布外观和使用性能（舒适、保暖、抗皱等）得到改善，或赋予特殊服用功能（防霉、防蛀、拒水、阻燃、抗菌等），从而提高纺织品的附加值。染整包括前处理、染色、印花和后整理（图4-1），染整质量的优劣对纺织品的使用价值有重要的影响。

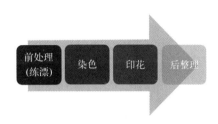

图 4-1　织物印染后整理

前处理亦称预处理或练漂，其主要目的在于去除纺织材料上的杂质，使后续的染色、印花、整理加工得以顺利进行，获得预期的加工效果；染色是通过染料和纤维发生物理的或化学的结合而使纺织品获得鲜艳、均匀和坚牢的色泽；印花是用染料或颜料在纺织物上获得各色花纹图案；后整理是通过化学或物理化学的作用，改进纺织品的外观和形态稳定性，提高纺织品的服用性能或赋予纺织品阻燃、拒水拒油、抗静电等特殊功能。大多数整理加工是在织物染整的后阶段进行的。

第一节 ▶ 织物的染色

织物的染色通常是将染料溶于水，或者添加化学物质制成染料溶液，织物与染料溶液充分接触，染料分子由纤维表面扩散到纤维内部并与纤维分子结合后使织物获得各种颜色。

织物的染色发生在三个阶段。第一个是染料与纤维表面的接触阶段，第二个是染料渗透进纤维阶段，最后一个是染料的固着阶段。为了完成这三个阶段，纤维必须膨胀，吸收染料，这通过在染浴中的水和温度的升高来实现。染料渗入纤维，然后通过加入盐和酸固定。

染色与印花的不同在于，染色是颜色在织物的长度和宽度上得到了完全的应用，印花为局部图案上着色。

每种着色剂独立地变化，它的变化取决于纤维类型、染色条件及其他因素。当一些染料与某种纤维没有亲和力时，能够通过用一种媒染剂来创造这种亲和力，媒染剂在纤维和染料之间创造一种联合。

染色和印花必须用到染料或者颜（涂）料。染料是与纤维有亲和力的有色的有机化合物，染色过程中溶于水或溶剂，能成分子状态进入纤维内部。颜料不溶于水，不能借助溶液染色工艺进入纤维内部，但可在纺丝液中加入，在固化前液态物质中固化着色，或靠黏着剂黏在织物表面涂色。

通常都是用染料进行染色，染料种类众多，包括直接溶于水的直接、活性、阳离子染料；通过适当的化学处理后能溶于水的还原、硫化染料；在水中的溶解度较小，形成悬浮液的分散染料。不同的原料适合使用不同的染料，常用配合如图4-2所示。

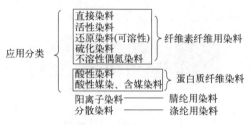

图 4-2　常用染料应用分类

织物的染色通常是在卷染机、浸轧机或绳状染色机上实现匹布染色。织物在使用过程中的颜色牢度非常重要。染色产品在使用过程中或染色以后的加工过程中，在各种外界因素影响下，能保持原来颜色状态的能力（即不易褪色的能力）用染色牢度指标来衡量。染色牢度的种类很多，根据染色产品的用途和后续加工工艺区分，主要有耐光色牢度、耐气压牢度、耐洗牢度、耐汗渍牢度、耐摩擦牢度、耐升华牢度、耐熨烫、耐漂牢度、耐酸牢度、耐碱牢度等，此外，根据产品的特殊用途，还有耐海水牢度、耐烟熏牢度等。除耐光色牢度分8级外，其他色牢度均分为5级，级数越高，表示牢度越好。

植物染料是一种纯天然染料，是指从植物中获得的、很少或没有经过化学加工的染料。天然染料在古典的色彩文化中，一直扮演着极为精彩的角色，图4-3是一些植物染料的染色效果。

图 4-3　植物染料染色织物

第二节 ▶ 织物的印花

印花是把各种不同的染料或颜料印在织物上，从而获得彩色花纹图案的工艺过程。印花可以看作局部染色。印花可以用染料完成，也可以用颜（涂）料完成。由于印花是局部着色，染液不能渗化到非着色处，所以印花必须要用色浆。

　　纺织品印花主要是织物印花，也有纱线、毛条印花。一般的印花流程如图 4-4 所示，包括图案设计、花筒雕刻或（筛网制版）、色浆调制、印制花纹、后处理（蒸化和水洗）等几个工序。

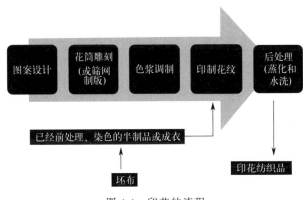

图 4-4　印花的流程

一、按设备分类的印花类型

　　根据印花使用的设备以及印花方式的不同，织物印花的类型如图 4-5 所示。

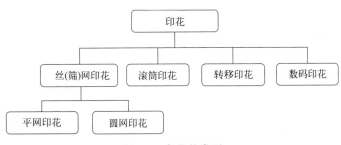

图 4-5　印花的类型

1. 丝（筛）网印花

　　筛网印花也被称为丝网印花，因为用于印花工艺的筛网曾经是用细的真丝制成。目前筛网已经改为用细的尼龙、聚酯纤维或金属丝制作，但丝网印花的名称仍被沿用。丝网印花的原理是筛网织物上涂有一层不透明的无孔薄膜。有花纹处除去不透明的薄膜，留下有细网孔的网版，这一个区域就是要印制花纹的部位。

　　网孔的大小用目数来表示。目数越高，网孔越小。网孔的大小根据织物类型和印花花纹的情况来定，一般花纹面积大、织物厚的使用目数小的筛网，疏水性织物使用目数大的筛网。

　　筛网印花包括平网印花和圆网印花。印花生产工艺流程如图 4-6 所示。

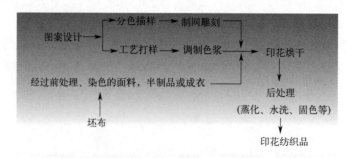

图 4-6　筛网印花生产工艺流程

设计好图案后，首先做分色描样，制网雕刻，同时准备工艺打样，调制色浆，然后在经过前处理或染色的面料、半制品或成衣上印花，之后烘干，最后经过蒸化、水洗和固色等后处理，得到印花纺织品。

平网印花是利用刮刀使平网上的色浆在压力的驱使下印制到织物上去的一种印花方式。平网印花可以做大循环花型，制版方便，最多可印 20 多套色，适合棉、丝、麻、化纤等各类机织和针织印花，印花的精细度比圆网印花高。但由于是非连续生产，产量比较低，容易出现接版问题。

圆网印花是利用刮刀使圆网内的色浆在压力的驱使下印制到织物上去的一种印花方式，如图 4-7 所示。花型循环相对较小，精细度不如平网印花。其优势在于速度快，产量高，适合大批量生产，而且花型没有接痕问题，适合棉、丝、麻、化纤等机织和针织印。

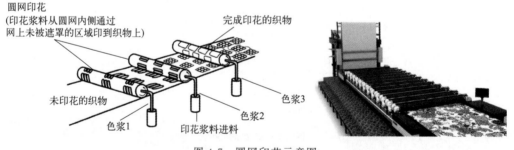

图 4-7　圆网印花示意图

2. 滚筒印花

用刻有凹形花纹的铜制滚筒在织物上印花的工艺方法，每只花筒印一种色浆，如在印花设备上同时装有多只花筒，就可连续印制彩色图案。铜滚筒上可以雕刻出紧密排列的十分精致的细纹，因而能印十分致、柔和的图案。例如，精细、致密的佩利兹利涡旋纹花呢印花就是通过滚筒印花印制的一类图案。

常用的滚筒印花机一般为 2～6 套色，花回尺寸受限制，不能做大花型。滚筒印花因其技术要求高，滚筒（通常是铜滚）制作成本高，适用于批量特大的印花生产。滚筒印花不适合轻薄织物印花，毛型产品使用较多。

3. 转移印花

是指图案被印在印花纸上，再通过一定的条件将其转移到织物上的工艺方法。有升华转移印花和冷转移印花两种。

（1）升化转移印花

通常也叫纸印花，分散染料用丝网或凹版印成印花纸后，将印花纸上的图案转印到所需的面料上。适用于涤纶、尼龙、腈纶等化纤面料，手感和观感良好。但是由于丝网或凹版滚筒制作成本高，随着数码技术的发展，目前有被数码转印逐步代替的趋势。图案中的所有颜色在大约30s内通过压力转移到织物上。

（2）冷转移印花（湿法转移印花）

活性染料及黏合剂等用滚筒凹版印在印花纸上，将印花纸上的图案在半湿状态下通过压力滚筒与印花纸接触转印到服装面料等产品上，适用于棉、麻等天然纤维织物。

转移印花的优势在于这种方法能够消除在筛网印花中分阶段将图案的颜色应用到织物上的工序。一旦图案被转移到织物上，通常还需要进行固色整理。转移印花图案花型逼真、花纹细致、层次清晰、立体感强。

4. 数码印花

数码直接喷印是用数码打印机在各种材料上直接打印出所需要的图案。数码热转移印花则需要在特种纸上预先打印好印花图案，然后再通过转印的方式转印到织物上，仅适用于涤纶、尼龙等化纤面料。

数码印花的工艺路线大大缩短，打样成本大大降低；打破了传统生产的套色和花回长度的限制；适合小批量、快反应的生产过程，满足个性化需求；花纹精细、明晰，能够印制类似于照片和绘画作风的产品。但印花速度较慢，前期设备投资大、墨水成本高。图4-8为数码印花机。

图4-8　数码印花机

二、按加工方式分类的印花类型

1. 直接印花

直接印花是所有印花方法中最简单且使用最普遍的一种。直接印花是用手工或机器将印花色浆直接印到白色或浅色织物上，并获得彩色花纹图案的印花方法。如筛网或滚筒直接施加到织物上。为了耐水洗、干洗和一般穿着，印在织物上的染料必须经过固色。直接印花可以达到三种效果，即白地、色地和满地，如图4-9所示。印花工序简单，适用于各类型面料。

(a) 白地　　　　　　　　　(b) 色地　　　　　　　　　(c) 满地

图 4-9　印花织物

涂料印花是直接印花的一种，它借助黏合剂将不溶性颜料黏着在纤维的表面形成所需图案，通常包含水浆印花和胶浆印花。

水浆印花是一种水性浆料，印在织物上手感相对胶浆印花而言比较柔软，覆盖力也不强，一般适用于印在浅色面料上。手感有时可以做到接近活性印花，所以也叫仿活性印花。

胶浆印花依靠色浆中的黏合剂将色浆黏合在布面上，覆盖性非常好，使深色衣服上也能够印上任何浅色，不适合大面积的实地图案。可以在深色底布上印浅色图案，色谱全，拼色容易，花纹轮廓清晰。

2. 拔染印花

织物被染上所需要的颜色并且用还原剂印花，使用还原剂的区域将被去除染料。这会在原来的底布或织物上留下白色图案，得到了通过筛网印花不能得到的深色和均匀背景。典型的拔染织物是一种带有彩色的地和白斑点的织物，如图4-10所示。

如果需要彩色的拔染，抵抗还原剂作用的染料含在拔染印浆中。这些浆料将会去除彩色的地中的染料，同时使颜色沉积在原来的地上。这样，一种织物就能有两种或更多的颜色。

图 4-10　拔染印花织物

3. 防染印花

在这种方法中，应用到织物上的一种物质将会阻止后来所用的任何色彩的固着。在拔染印花时，在织物已经被染色后拔染剂才被用到织物中。但是在防染印花中则相反，防染或交染剂是在染色发生之前被应用到织物中的。图 4-11 为防染印花织物。

蜡防印花是指在织物的两面或仅一面用蜡得到的防染，如图 4-12 所示。把热蜡漆、画或印到织物上。部分或整个材料被用固体石蜡和蜂蜡的混合物涂敷，然后使其彻底干燥，蜡会破裂形成裂纹。当织物被染色时，染料穿透裂纹得到了一种纹理的效果。

图 4-11　防染印花织物　　　　　　　图 4-12　蜡防印花织物

手工扎染也是一种防染工艺，是将织物、经纱或纱束用线紧紧地捆起来然后染色的工艺过程。染色时，已经被捆起来的部分依然是原来的颜色，除去线后便显示出两种颜色的图案。织物、经纱或纱束能够捆起来染色几次，在最后染色之后，纱线被去除得到一种带有几种颜色的图案。图 4-13 为扎染印花服装。

4. 静电植绒印花

在静电植绒方法中，织物用黏合剂印花，并通过传送带穿过静电场。由棉、人造丝或合成纤维制成的短绒，在短绒漏斗中被过滤到织物上并被黏合剂吸引成垂直或正交的形

图 4-13　扎染印花服装

式。烘干工序之后，剩余的纤维被去除。图 4-14 为静电植绒印花织物。

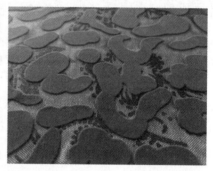

图 4-14　静电植绒印花织物

5. 烂花印花

利用各种纤维不同的耐酸性能，在混纺织物上印制含有酸性介质的色浆，使花型部位不耐酸的纤维发生水解，经水洗在织物上形成透空网眼花型效果。烂花印花织物经水洗后便得到具有半透明视感、凹凸的花纹，可用作衣料以及窗帘、床罩、桌布等装饰性织物。图 4-15 为烂花涤棉织物。

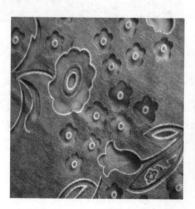
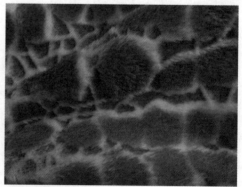

图 4-15　烂花涤棉织物

6. 发泡印花

将热塑性树脂和发泡剂混合，经印花后，采用高温处理，发泡剂分解，产生大量气体，使印浆膨胀，产生立体花纹效果，并借助树脂将涂料固着，获得各种色泽。发泡印花工艺最大的优点是立体感很强，印刷面突出、膨胀，如图 4-16 所示。广泛地运用在棉布、尼龙布等材料上。

图 4-16　发泡印花

7. 金银葱/粉印花

金银葱/粉印花都属于涂料印花。金银葱印花是把含有金色闪片、银色闪片、镭射闪片、七彩闪片等浆料印制在各种颜色的 T 恤织物上，使图案富有光泽，金色富贵，银色华丽，镭射七彩色彩绚丽。金银粉印花是将铜锌合金与涂料印花黏合剂混合调制成色浆，印到织物上，产生闪亮的效果。为了降低金粉在空气中的氧化速度，应加入抗氧化剂，防止金粉表面生成氧化物而使色光暗淡或失去光泽。印花印制到织物上后非常稳定，各项牢度优良，并能保持长久的金银色光芒。图 4-17(a)、(b)分别为金银葱、金银粉印花织物。

(a)　　　　　　　　　　　　(b)

图 4-17　金银葱/粉印花织物

第三节 ▶织物的后整理

后整理是织物在完成练漂、染色或印花以后，通过物理的、化学的或物理化学的加工过程，改善织物的外观和内在品质，提高织物的服用性能或赋予织物某种特殊功能。由于整理工序常安排在整个染整加工的后道，故常称为后整理。织物后整理的目的大致可归纳为以下几个方面。

① 使纺织品幅宽整齐均一，尺寸和形态稳定，如定（拉）幅、机械或化学防缩、防皱和热定型等。

② 增进纺织品外观，包括提高纺织品光泽、白度，增强或减弱纺织品表面绒毛，如增白、轧光、电光、磨毛、剪毛和缩呢等。

③ 改善纺织品手感，主要采用化学或机械方法使纺织品获得诸如柔软、滑爽、丰满、硬挺、轻薄或厚实等综合性触摸感觉，如柔软、硬挺、增重等。

④ 提高纺织品耐用性能，主要采用化学方法，防止日光、大气或微生物等对纤维的损伤或侵蚀，延长纺织品使用寿命，如防蛀、防霉整理等。

⑤ 赋予纺织品特殊性能，包括使纺织品具有某种防护性能或其他特种功能，如阻燃、抗菌、拒水、拒油、防紫外线和抗静电等。

面料后整理可以提高产品的服用性能，增加产品的附加值。以下简要介绍常用的后整理方法。

1. 预缩

这道工序主要用于棉型或麻型服装。织物缩水会导致服装变形走样，影响服用性能，给消费者带来损失，因此需要对织物进行必要的防缩整理，方法包括机械预缩整理和化学防缩整理两种。机械预缩整理就是利用机械物理的方法调整织物的收缩，以消除或减少织物的潜在收缩，达到防缩的目的。化学防缩整理是采用某些化学物质对织物进行处理，降低纤维的亲水性，使纤维在润湿时不会产生较大的溶胀，从而使织物不会发生严重的缩水。

2. 拉幅

织物在印染加工过程中，经向受到的张力较大、较持久，而纬向受到的张力较小，这样就迫使织物的经向伸长，纬向收缩，产生如幅宽不匀、布边不齐、纬斜等问题。为了使织物具有整齐均一的稳定门幅，并纠正上述缺点，织物出厂前都需要进行拉幅整理。

拉幅是利用纤维素、蚕丝、羊毛等纤维在潮湿条件下所具有的可塑性，将面料幅宽逐渐拉阔至规定尺寸并进行烘干，使面料形态得以稳定的工艺过程，也称为定幅整理。拉幅只能在一定的尺寸范围内进行，过分拉幅将导致织物破损，而且勉强拉幅后缩水率也达不到标准。

3. 增白

利用光的补色原理增加纺织品白度的工艺过程，又称加白。织物经过漂白后往往带有微量黄褐色色光，为了提高织物的白度，常使用两种增白方法：一种是上蓝增白法，另一种是荧光增白法。

4. 轧光、电光和轧纹

利用纤维在湿热条件下的可塑性将面料表面轧平或轧出平行的细密斜纹，以增进织物光泽的工艺过程。电光是使用通电加热的轧辊对面料轧光。轧纹是由刻有阳纹花纹的钢辊和软辊组成轧点，在热轧条件下，面料可获得呈现光泽的花纹。

5. 磨毛（磨绒）

用砂磨辊（或带）将织物表面磨出一层短而密的绒毛的工艺过程，称为磨毛或磨绒整理。磨毛（或磨绒）整理的作用与起毛（或拉绒）原理类似，都使织物表面产生绒毛。不同的是，起毛一般用金属针布（毛纺还有用刺果的），主要是织物的纬纱起毛，且茸毛疏而长；磨绒能使经纬纱向同时产生绒毛，且绒毛短而密。磨毛整理要控制织物强力下降幅度。磨毛织物具有柔软、温暖等特性。

6. 剪毛

用剪毛机剪去织物表面不需要的茸毛的工艺过程。其目的是使织物织纹清晰、表面光洁，或使起毛、起绒织物的绒毛和绒面整齐。一般毛织物、丝绒、人造毛皮等产品，都需经剪毛工艺，但各自的要求有所不同。

7. 热定形

热塑性纤维的织物在纺织过程中会产生内应力，在染整工艺的湿、热和外力作用下，容易出现折皱和变形。故在生产中（特别是湿热加工如染色或印花），一般都先在有张力的状态下用比后续工序微高的温度进行处理，即热定形，防止织物收缩变形，以利于后道加工。

8. 抗皱整理

棉、亚麻、人造丝以及这些材料的混纺织物在正常穿着时通常会起皱，完全或部分采取抗皱整理可以克服上述缺点，常用的方法是树脂整理。这种整理方法是将织物浸渍在准备好的三聚氰胺甲醛树脂溶液中，然后进行干燥和烘干。树脂整理剂能够与纤维素分子中的羟基结合而形成共价键，或者沉积在纤维分子之间，和纤维素大分子建立氢键，限制了大分子链间的相对滑动，从而提高了织物的防缩、防皱性能。但剧烈的或重复的水洗会降低抗皱性能。

其他功能性整理方法还有拒水、拒油、易去污、抗菌防臭、抗紫外线、抗静电、阻燃、夜光、持久香味整理，等等，根据使用需求可对不同面料做相应的后整理加工。

第五章

各类服装面辅料及其应用

服装面辅料的不同特性适用于不同的服装设计意图和理念，不同风格的织物具有不同的表现性，只有合理利用织物的造型性能，才能塑造出满意的服装造型。

从织物的性能和产品开发角度看，织物的风格类型一般分为棉型、麻型、毛型和丝型风格；从织物的造型特点以及在服装设计中的运用角度考虑，织物的风格以其光泽、廓形、悬垂感、厚薄、通透等外观特性来分类，可以分为柔软型、紧密挺爽型、丰厚型、绒毛型、透明型和光泽型。本章将分别阐述各个类型面料的主要品种以及它们的特点。

第一节 ▶ 柔软型织物及其应用

柔软悬垂型织物一般较轻薄，悬垂感好，造型线条光滑流畅而贴体，服装轮廓自然舒展，能柔顺地显现穿着者的体型。

这类织物包括部分丝型织物，如双绉、软缎、绉缎等薄型的针织物，以及软薄的麻纱面料。这类织物适合于流畅、轻快、活泼线条的服装造型，利用织物的柔软悬垂特性使衣、裙、裤自然贴体下垂。

因此类织物涉及的丝型织物比较多，在介绍具体织物品种前，先讲解几个与丝型织物相关的知识。丝型织物通常采用蚕丝、人造丝、合纤丝等原料织制，有时被统称为丝绸。丝绸按照使用的原料可分为 6 类：真丝（桑蚕丝）织品、人造丝织品、合纤丝织品、柞丝织品、丝交织品、短纤维纱线织品。按照组织结构、织制工艺、质地和外观效果可分为 14 大类：绸、纺、绉、绨、缎、锦、绢、绫、纱、罗、绡、葛、绒、呢。给某种丝绸定名时，要在大类的前面冠以原料种类或表现风格特征的修饰词，如真丝花软缎、杭纺、双绉、喇叭绸、金丝绒等。

描述丝绸织物的重量时，常用一个专用名词——姆米（m/m），它被用于绸缎贸易中，是日本的重量单位。织物宽 1in、长 25 码、重 2/3 日钱为 1 姆米（m/m），等于 4.3056g/m²。

一、丝型织物

1. 软缎

以生丝为经、人造丝为纬的缎类丝织物。由于真丝与人造丝的吸色性能不同，匹染后经、纬异色，在经密不太大时具有闪色效果。软缎有花、素之分。素软缎用 8 枚缎纹组织，素净无花，如图 5-1 所示，适宜作舞台服装和刺绣、印花等艺术加工的坯料。

花软缎采用纬二重组织，在单层 8 枚缎地组织上显纬花，平纹暗花。在每两梭纬线之中，一梭在绸缎正面起纬花，一梭在纬花下衬平纹。花软缎纹样多取材于牡丹、月季、菊花等自然花卉，纹样风格地清花明，生动活泼。一般用作旗袍、晚礼服、晨衣、棉袄、儿童斗篷和披风的面料。图 5-2 为花软缎及其应用实例。

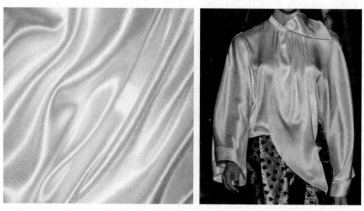

图 5-1　素软缎及其应用实例（Genny 软缎衬衫）

图 5-2　花软缎及其应用实例（上海滩故事提花旗袍）

2. 绉缎

经线采用弱捻，纬线采用强捻，以缎纹组织结构织造，正面带有缎纹的光亮，反面带有双绉的起绉效果，手感柔软悬垂，抗皱性好。绉缎分为花绉缎、素绉缎两种。绉缎的原料一般为桑蚕丝。素绉缎一般用 5 枚缎纹组织，而花绉缎则以正反 5 枚缎纹或 8 枚缎纹组织作为花地组织。

一般分为 12m/m、16m/m、19m/m、22m/m、25m/m、30m/m 等，做服装用得最多的是 16m/m 和 19m/m，22m/m 以上价格都比较高。12m/m 一般做围巾或者高档衬里。该面料由于纬线加有强捻，所以缩水率相对较大，下水后光泽有所下降。图 5-3 为绉缎及其应用实例。

3. 色丁

由"satin"的音译得名，是化纤的传统面料之一。采用 5 枚经面缎纹组织，涤纶 FDY 大有光丝做经纱，使得布面具有较好的缎面光泽和华丽效果，光滑顺畅，穿着舒适。

图 5-3 绉缎及其应用实例（Silvia Tcherassi 绉缎衬衫）

织物中加入氨纶可生产弹力色丁，受到市场欢迎。色丁织物既可染色，又可印花，颜色鲜艳、丰富、美观大方。色丁可制作休闲睡衣、睡袍、里料等，还是床上用品的理想面料，可制作床垫、床罩等。图 5-4 为色丁及其应用实例。

图 5-4 色丁及其应用实例（色丁礼服）

色丁织物还被大量用于礼品包装袋、礼盒衬里等场合，色丁织带也被大量使用。图 5-5 为色丁织带及其应用实例。

图 5-5 色丁织带及其应用实例（色丁包装袋）

4. 双绉

薄型绉类丝织物，以桑蚕丝为原料，经丝采用无捻单丝或弱捻丝，纬丝采用强捻丝。织造时纬线以两根 S 捻和两根 Z 捻纱线依次交替织入，织物组织为平纹。经精练整理后，织物表面起绉，有微凹凸和波曲状的鳞形皱纹，光泽柔和，手感柔软，穿着舒适，抗皱性能良好，但缩水率大。主要用作男女衬衫、衣裙等服装。图 5-6 为双绉及其应用实例。

常见的有 12m/m、14m/m、16m/m、18m/m。厚的双绉称为重绉，有 30m/m、40m/m。12m/m 一般需要衬里，否则会透，16m/m 基本不透。

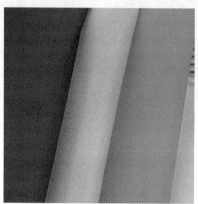

图 5-6 双绉及其应用实例（双绉连衣裙）

5. 电力纺

用桑蚕丝生丝织造形成的纺类织物，最早以土丝和脚踏织机生产，后用厂丝和电动织机生产，因此得名电力纺。质地紧密细洁，光泽柔和，滑爽舒适。适用于男女衬衫、裙衣、便装等。

10m/m 以上的电力纺适合作夏季衬衣裙子及儿童服装面料，8m/m 的电力纺适合作服装里料，8m/m 以下的电力纺可作衬裙、头巾等的面料。图 5-7 为电力纺及其应用实例。

图 5-7 电力纺及其应用实例（衬衫式连衣裙）

6. 斜纹绸

纹路呈斜向的真丝织物，比较柔软，但是悬垂感相对差一些，光泽接近亚光，不像绉缎那么闪。可用于制作真丝丝巾、衬衫、外衣等。斜纹绸的厚度以 12～16m/m 最为常见。12m/m 的斜纹绸如果颜色不透，可以用来制作衣服。图 5-8 为斜纹绸及其应用实例。

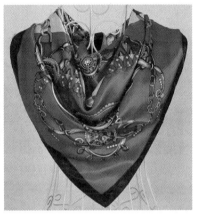

图 5-8　斜纹绸及其应用实例（真丝丝巾）

7. 美丽绸

又称美丽绫，是纯黏胶丝平经平纬丝织物。采用 3/1 斜纹或山形斜纹组织织制，织坯经练染后制成。织物纹路细密清晰，手感平挺光滑，色泽鲜艳光亮。美丽绸是一种高级的服装里子绸，也可用作高级皮草服装内衬里料，兼有舒适透气、光滑易于穿脱等优点，但美丽绸缩水率比较大。图 5-9 为美丽绸及其应用实例。

图 5-9　美丽绸及其应用实例（大衣里料）

8. 尼丝纺

为锦纶长丝织制的纺类丝织物。采用平纹组织，具有平整细密、绸面光滑、手感柔软、轻薄而坚牢耐磨、色泽鲜艳、易洗快干等特性，主要用作男女服装面料和里料。

普通尼丝纺经常用作服装里料，涂层尼丝纺不透风、不透水，且具有防羽绒性，可用作滑雪衫、雨衣、睡袋、登山服的面料。图 5-10 为尼丝纺及其应用实例。

图 5-10　尼丝纺及其应用实例（优衣库 ULTRA LIGHT 羽绒服）

9. 春亚纺

经纬至少有一项为涤纶低弹（网络）丝，经纬全是低弹丝叫全弹春亚纺，经向用长丝叫半弹春亚纺。原始春亚纺为平纹组织，现衍生物很多，规格很全，有半光、消光、斜纹、提点、条子、平格、浮格、菱形格、足球格、华夫格、斜格、梅花格等。

半弹春亚纺一直被用作西服、套装、夹克衫、童装、职业装等衬里辅料；全弹春亚纺可制作羽绒服、休闲夹克衫、童装等，防水涂层面料也可制作防水服、雨伞、雨披、遮阳棚等。图 5-11 为春亚纺及其应用实例。

图 5-11　春亚纺及其应用实例（春亚纺羽绒服）

二、薄型针织物

薄型针织物通常采用精梳棉、黏纤、天丝、莫代尔、真丝、醋酸纤维等织成，组织多采用纬平针、罗纹或双罗纹。织物表面光洁、质地细密、手感滑爽，有光泽感，运用半亚光和珠光外观的纱线织造的织物具有顺滑的柔光感。因其舒适贴肤而深受设计师们的喜爱，常用来制作 T 恤、女士时装等。图 5-12 为薄型针织物典型产品。

图 5-12　薄型针织物典型产品

第二节 ▶ 紧密挺爽型织物及其应用

这类面料通常造型线条清晰而有体量感，能形成丰满的服装轮廓，穿着时不会紧贴身体，给人以庄重、稳定的印象。常见的有棉型织物、麻型织物和各种精纺毛料和化纤织物等。丝绸中的锦缎和塔夫绸也有一定的硬挺度。使用挺爽型面料可设计出轮廓鲜明合体的服装，以突出服装造型的精确性，如西装、西裤、连衣裙、夹克衫等。也可采用细裥和褶裥等手法，设计形态丰满的衣袖、蓬松的裙子和具有体积感的服装。欧洲传统风格的晚礼服就常以塔夫绸、生丝绢等挺爽型面料制作，从而获得最佳的塑形美感。

一、棉型织物

1. 平布

平布是普通棉织物中的主要品种，采用平纹组织织制，经纬纱的线密度和密度相同或相近。布面平整光洁、均匀丰满。根据所用纱线粗细不同，可分为细平布、中平布和粗平布。细平布质地轻薄紧密，大多用作漂白布、色布、花布的坯布，加工后用作内衣、裤子、夏季外衣、罩衫等的面料。细纺是采用特细特精梳棉纱，高密度织造，经过烧毛整理的中、高档细平布，以长绒棉为主要原料，或与涤纶混纺。主要风格是质地细薄，手感柔软、滑爽挺括，布面光洁、细密匀净，色泽莹润、光滑似绸。细纺主要用作高档衬衫、衣裙，以及手帕、绣品等服饰品。

2. 府绸

府绸是高支高密的平纹织物，是棉布中的一个主要品种。其经密与纬密之比一般为（1.8～2.2）∶1。由于经密明显大于纬密，织物表面形成了由经纱凸起部分构成的菱形粒纹。织制府绸织物，常用纯棉或涤棉细特纱。府绸织物均有布面洁净平整、质地细致、粒纹饱满、光泽莹润柔和、手感柔软滑糯等特征。府绸主要用作衬衫、夏令衣衫及日常衣裤。图 5-13 为棉府绸及其应用实例。

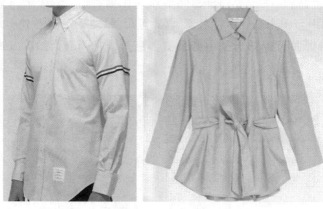

图 5-13　棉府绸及其应用实例（THOM BROWNE、MaxMara 衬衫）

罗缎是一种较厚的高级府绸，主要风格是经纱细、纬纱粗，使布面颗粒效果特别明显，质地紧密厚实，手感滑爽挺硬，有丝绸般的光泽，适宜作外衣、风衣、夏季裤料。

府绸中的另一个品种是纬长丝织物，一般经向用涤棉混纺纱，纬向为涤纶长丝，是一种交织织物。一般以色织工艺加工，并采用小花纹组织织制，使纬丝在织物表面形成小型提花，以突出其光泽。这种织物质地轻薄，挺括滑爽，手感滑糯，光泽晶莹，色泽柔和，丝绸感强，易洗快干。主要用作男女衬衫、连衣裙面料等。

3. 青年布

采用平纹组织织成，经纬纱色泽不同，一般用色经白纬，经纬纱线的线密度和织物的经纬向密度接近，布面呈现双色效应。色调文雅，风格特殊，质地轻薄、柔软、滑爽，适用于衬衫、风衣、儿童服装面料及被套等。图 5-14 为青年布及其应用实例。

图 5-14　青年布及其应用实例（男士衬衫）

4. 牛津纺

又称牛津布，早期作为英国牛津大学的校服面料，因此得名，是传统精梳棉织物。采用色经白纬，较细的精梳高支纱线作双经，与较粗的纬纱，以纬重平组织织造而成。也有经纬纱中一种用涤棉纱，一种用纯棉纱交织，之后在染色环节利用涤棉不同的染色性能，形成双色效应。经纬纱密度之比通常超过 1.5∶1，因此经纬纱的组织点突出于布面，形成饱满的针点颗粒效应，既易于增强色彩效应，又能体现立体感。

牛津纺外形粗犷，经纬双色效果，色泽柔和，风格随意。为了增强色彩效果，色织牛津布的经纬纱大都采用先丝光后染色。织物布身柔软，透气性好，穿着舒适，易洗速干，结实耐磨，多用于制作衬衣、运动服和睡衣等。其缺点在于织密相对较低，织物过于松软，使得衬衫的保形性能相对不佳。图 5-15 为牛津纺及其应用实例。

图 5-15　牛津纺及其应用实例（经典 polo 衬衫）

5. 米通

又叫米通格，是一种很小的格子面料，经纱和纬纱一般都采用两种规格的纱线，比如经纬纱都以全棉纱 24/2＋24 为原料，经纬密度为 68×56，或者经纬纱都用 JC40^s＋JC20^s 为原料，经纬密度为 106×70，这样一粗一细地交织，搭配经纱或纬纱一个方向的纱线颜色一深一浅，布面形成一个最小的格子风格。分为经米通和纬米通。经米通布是经纱两种颜色交错排列、纬纱是一色的面料；反之，如果纬纱是两色交错排列，而经纱是一色的，则是纬米通布。

织物组织表面要求纹路匀直、洁净、清爽。主要用作时尚女士套装、男士休闲装的面料。色泽以土黄、墨绿、驼灰、米色等为主，特点是手感好、轻薄透气、不易折皱、色泽和谐、穿着舒适。图 5-16 为米通及其应用实例。

6. 卡其布

卡其布是棉织物中最坚牢的一种，经密比纬密大 1 倍左右，斜纹倾角大于 67°。根据

图 5-16　米通及其应用实例（男士衬衫）

经纬向所用材料的不同，采用二上二下或三上一下斜纹组织，所用原料主要有纯棉、涤棉等。卡其织物结构紧密厚实，手感硬挺，坚牢耐用，布面纹路粗壮饱满。卡其布主要适于制作制服、外衣裤、风衣和工作服等。图 5-17 为卡其布及其应用实例。

图 5-17　卡其布及其应用实例（男童插肩袖棉风衣）

7. 华达呢

华达呢的经密比纬密大 1 倍左右，斜纹倾角约为 63°。采用二上二下斜纹组织，所用原料有纯棉、棉/黏、棉/维和涤/棉等。织物紧密程度小于卡其布，不如卡其布厚实，手感挺括而不硬，弹性十足，坚牢耐磨而不折裂，斜纹纹路细密丰满，峰谷明显，适宜制作各种制服、风衣和裤子。图 5-18 为华达呢及其应用实例。

8. 牛仔布

牛仔布常被称作丹宁面料，由其英文 Denim 音译而来。大多由靛蓝染经纱，用白纱作纬纱，采用二上一下斜纹组织织制而成。经纱染色、纬纱多为本白纱，因此织物正反异色，正面呈经纱颜色，反面主要呈纬纱颜色，织物纹路清晰，质地紧密，坚牢结实，手感硬挺。

图 5-18　华达呢及其应用实例（BURBERRY Trench 风衣）

　　靛蓝是牛仔布的主打色，经过水洗和防缩整理，可以形成各种独特的风格特征，适宜制作牛仔裤、工装、女衣裙及各式童装。图 5-19 为牛仔布及其应用实例。常见的牛仔布后整理要求见表 5-1。随着时尚流行和技术发展，出现了各种彩色牛仔布。图 5-20 为彩色牛仔布及其应用实例。

图 5-19　牛仔布及其应用实例（Coach 拼接风外套）

表 5-1　牛仔布后整理要求

后整理分类	整理要求
水洗	去除浆料、浮色,改善手感,增加柔软度
漂洗	剥去部分颜色,改善色泽,增加鲜艳度
石磨	产生立体效果,花纹粗犷,改善手感
石磨漂洗	产生立体效果,花纹粗犷,色彩柔和、鲜艳光亮
生物洗	产生立体效果,花纹细腻,从纤维结构上改善手感和柔软度
生物漂洗	产生立体效果,花纹细腻,从纤维结构上改善手感和柔软度,使色泽柔和、鲜丽
雪花洗	产生立体云纹效果,豪放爽洁,色彩鲜艳、匀润

　　传统牛仔布的经纬纱都采用纯棉气流纺粗支纱，后来逐渐发展了中支纯棉纱的薄型牛仔布，但仍以气流纱为主，近年来出现了环锭纺纱牛仔布。采用强捻纱作纬纱、用 PBT 或 PET 弹力丝作纬纱、氨纶丝和棉纱交并等方式生产的新型弹力牛仔布，增加了服装的

图 5-20 彩色牛仔布及其应用实例

穿着舒适性。牛仔布轻重分类及用纱见表 5-2。

表 5-2 牛仔布轻重分类及用纱

牛仔布轻重分类	质量		一般用纱		备注
	g/m²	oz/yd²	tex	英支	
重型牛仔布	441 以上	13 以上	83～97	6～7	轻型牛仔布为改善质量，可用股线代替单纱。例如用18tex×2 代替 36tex
中型牛仔布	305～441	9～13	97～49	7～12	
轻型牛仔布	136～272	4～8	49～16	12～32	

近年来发展了多种新原料的牛仔布，如 TRC 牛仔布。用 R/C 混纺纱作经纱，T 长丝或者 T/C 混纺纱作纬纱，可以增加牛仔布的光泽感和悬垂感，拓展了牛仔布创新应用的空间；竹纤维被用于设计清凉型牛仔面料，轻薄舒适，富有弹性，同时还兼具一定的抗菌、抗紫外、抗静电等功能性；采用吸湿排汗类纤维，同时对面料进行轻薄化设计，达到凉爽透气的效果。图 5-21 为天丝/棉混纺牛仔布及其应用实例。

图 5-21 天丝/棉混纺牛仔布及其应用实例（Acler 风衣）

提花牛仔布是近年来比较流行的品种，是先将纱线染色，再使用不同色纱以大提花组织织造形成的。比起印花与绣花，其花纹有着特别的立体感。图 5-22 为提花牛仔布及其应用实例。

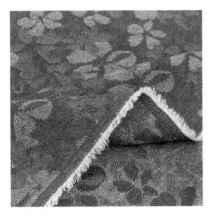

图 5-22 提花牛仔布及其应用实例（LOUIS VUITTON 花卉牛仔套装）

9. 贡缎

棉横贡缎采用 5 枚 3 飞或 5 枚 2 飞纬面缎纹组织织造，纬密比经密高，经纬密比约为 2∶3。横贡是棉织物中的高档产品，织物表面光洁，手感柔软，富有光泽，结构紧密。染色横贡主要用作妇女、儿童服装的面料，印花横贡除用作妇女、儿童服装面料外，还用作被面、被套等。

棉直贡缎多采用 5 枚 3 飞或 5 枚 2 飞经面缎纹组织织造，经密高，经纬密比约 5∶3，经纬纱用同特纱或经纱小于纬纱特数，以突出经纱效应。直贡常见的颜色有黑色、卡其色以及蓝色和红色等彩色，宜作风衣、冬衣面料、鞋面或印花作被面等家用织物面料。图 5-23 为棉贡缎及其应用实例。

图 5-23 棉贡缎及其应用实例（床单、风衣）

10. 帆布

帆布是一种较粗厚的棉织物或麻织物，因最初用于船帆而得名。一般多采用平纹或方平组织，少量的用斜纹组织，经纬纱均用多股线。由于帆布是多股线织造，所以质地坚牢、耐磨、紧密厚实，密织的厚帆布还具有良好的防水性能。帆布通常分为粗帆布和细帆布两大类。用在服装领域的通常是细帆布，可制作劳动保护服装及其用品，经染色或印花后，也可用作鞋材、箱包面料、手袋、背包、桌布、台布等。图 5-24 为帆布应用实例。

图 5-24　帆布应用实例（Levi's 男士休闲卡车司机夹克）

二、亚麻细布

亚麻采用工艺纤维纺纱，原色为灰色或浅褐色，色泽自然大方，光泽特殊，不易吸附灰尘，服用性能好。主要品种有亚麻细布，一般泛指用中细特亚麻纱织成的纯麻、混纺或交织布。以平纹组织为主，部分外衣用面料也有用变化组织。织物表面呈粗细条痕状，并夹有粗节纱，形成了麻织物的特殊风格。亚麻细布透凉爽滑，光泽柔和，服用舒适，但弹性差，易折皱，易磨损。适于制作内衣、衬衫、裙子、西服、短裤、制服，以及手帕、床上用品等。图 5-25 为亚麻细布及其应用实例。

图 5-25　亚麻细布及其应用实例（练功服）

三、毛型织物

1. 礼服呢

又称直贡呢、贡丝锦，是精纺毛织物中历史悠久的传统高级产品，采用缎纹、变化缎纹或急斜纹组织织成，是精纺呢绒中经纬密度最大而又较厚重的中厚型品种。织物光滑、质地厚实，表面呈现右倾的斜纹路、细洁平整，光泽明亮美观，色泽以黑色为主，也有藏青和各种彩色。除纯毛品种外，另有毛涤、毛黏等。主要适于制作高级春秋大衣、风衣、礼服、便装、民族服装等。图 5-26 为礼服呢及其应用实例。

图 5-26　礼服呢及其应用实例（高档西装）

2. 驼丝锦

驼丝锦是精纺毛织物的传统高档品种之一，常用 5 枚或 8 枚变化经缎组织。织物经纬密度较高，成品呢面平整滑润，织纹细腻，光泽明亮，手感软糯，紧密而有弹性，有丰厚感。驼丝锦与贡丝锦非常相似，差异仅在于织物的反面，贡丝锦的反面有类似缎纹的效果，而驼丝锦织物反面类似于平纹效果。驼丝锦以黑色为主，还有藏青、白色、紫红等，主要用于制作礼服、西服、套装、夹克、大衣等。图 5-27 为驼丝锦及其应用实例。

图 5-27　驼丝锦及其应用实例（Louis Vuitton 秋冬驼丝锦西装）

3. 华达呢

又叫轧别丁，斜纹类精纺毛织物，组织可以选用二上一下、三上一下或二上二下斜纹，经密比纬密大 1 倍，呢面呈现 63°左右的清晰斜纹，纹路挺直、密而窄，呢面光洁平整，质地紧密，手感润滑，富有弹性。一般以匹染素色为主，如藏青、灰、黑、咖啡等色，进行烧毛、绳洗等后整理。单面华达呢较薄，正面纹路清晰，反面呈平纹效应，且多用鲜艳色、浅色，适于作女装裙衣料；双面华达呢正反两面均有明显的斜纹纹路，一般适用于制作春秋西服套装，较厚型的缎背华达呢正面纹路清晰，反面呈缎纹效应，适于制作冬季的男装大衣。图 5-28 为华达呢及其应用实例。

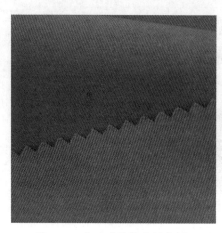

图 5-28　华达呢及其应用实例（GOLDEN GOOSE 女士西装）

4. 哔叽

斜纹类的中厚毛织物，经纬纱密度之比约为 1，布面斜纹倾角约 45°。外观呈右斜纹，且纹路扁平、较宽，呢面有光面和毛面两种，光面哔叽纹路清晰，光洁平整；毛面哔叽呢面纹路仍然明显可见，但有短小绒毛，市场上较多见的是光面哔叽。呢面细洁、手感柔软、有身骨弹性，质地坚牢，色泽以灰色、黑色、藏青色、米色等为主，也有少量混色。主要用于春秋季男装、夹克、女装的裤子、裙子等衣料。图 5-29 为哔叽及其应用实例。

图 5-29　哔叽及其应用实例（GOLDEN GOOSE 女士西装）

5. 啥味呢

由染色毛条与原色毛条按一定比例充分混条梳理后纺成混色毛纱，以二上二下斜纹组织织制而成，布面斜纹倾角约 45°。其独特之处是混色和夹花，颜色以灰色、米色、咖啡色为主，多深、中色，斜纹纹路隐约，光泽自然柔和，有膘光，色彩鲜艳，无陈旧感，手感软糯，不板不烂，不硬不糙，混色均匀，无严重雨丝痕。所用原料以细羊毛为主，也有以黏胶纤维、涤纶或蚕丝与羊毛混纺。部分产品做轻缩绒处理，表面有细短毛茸，匀净平齐，底纹隐约可见。宜制作春秋季两用衫、西装、夹克、西裤等，故又名春秋呢。图 5-30 为啥味呢及其应用实例。

图 5-30　啥味呢及其应用实例（男士西装）

6. 女衣呢

又名精纺乱麻、绉纱，是花色变化较多的轻薄精纺毛织品。采用原料广泛，除了棉、毛、丝、麻和各种化纤外，还有各种稀有动物纤维、金银丝和新型化纤，有时会用各种花式线。织物组织变化丰富，构成多种花型，如平素、横直条纹、大小格子、小花点等，形成不同类型的呢面，如光洁平整、绒面、透孔、凸凹、带枪毛、各种印花等。一般结构松软，色彩鲜艳，花型活泼、高雅，光泽自然。手感柔软、不松烂，质地细洁，富有弹性。典型的女衣呢品种有皱纹女衣呢、提花女衣呢、印花女衣呢、纱罗女衣呢、毛泡泡纱等。图 5-31 为女衣呢及其应用实例。

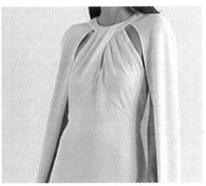

图 5-31　女衣呢及其应用实例（女士礼服裙）

7. 精纺花呢

精纺毛织物中花色变化最多的品种，以条染为主，利用各种彩色的纱线、花式线、竹节纱、正反捻纱等，配合不同的组织，形成丰富多彩的花样，如条格、隐条格、彩点、小花纹等。花呢使用的原料丰富，有全毛、毛/涤、毛/涤/黏、毛/黏、毛/麻以及各种化纤混纺的产品。根据后处理的不同，花呢可以加工成光面、呢面和绒面效果。按照重量的不同，花呢可以分为薄花呢、中厚花呢和厚花呢。薄花呢的重量在 $195g/m^2$ 以下，一般为平纹组织，适于制作夏季时尚服装、衣裙、衬衫，穿着舒适挺括；中厚花呢的成品重量为 $195\sim315g/m^2$，呢面平整，光泽自然柔和，光滑不糙，身骨丰厚，弹性良好，适合制作套装、西装、便装、西裤等；厚花呢的成品重量大于 $315g/m^2$，风格与中厚花呢类似。花呢的典型品种有麦士林、海力蒙、雪克斯金、板司呢、鸟眼花呢等。图 5-32 为花呢及其应用实例。

图 5-32 花呢及其应用实例（休闲套装）

8. 凡立丁

采用平纹组织织成的单色股线的薄型织物，其特点是纱支较细、捻度较大，经纬密度在精纺呢绒中最小。一般采用羊毛或毛涤混纺，也有黏纤、锦、涤搭配的纯化纤凡立丁。纱线捻度略大，经过压光整理以后质地细洁、织纹清晰、光泽自然柔和、轻薄滑爽。多数匹染素净，色泽以米黄、浅灰为多，亦有本白色及少量深色，适宜制作夏季的男女上衣和春、秋季的西裤、裙装等。图 5-33 为凡立丁及其应用实例。

图 5-33 凡立丁及其应用实例（西服套装）

9. 派力司

采用平纹组织，是精纺毛织物中最轻薄的品种之一。具有混色效应，一般采用毛条染色的方法，先把部分毛条染色后，再与原色毛条混条纺纱，呢面散布匀细而不规则的雨丝状条痕。颜色以混色灰为主，有浅灰、中灰、深灰等，也有少量混色蓝、混色咖啡等。呢面光洁平整，经直纬平，光泽自然柔和，颜色无陈旧感，手感滋润、滑爽，不糙不硬，柔软有弹性，有身骨。它与凡立丁的主要区别在于，凡立丁是匹染的单色，而派力司是混色，经密略比凡立丁大。与凡立丁织物相同，薄、滑、挺、爽也是其理想的外观与性能。毛涤派力司挺括抗皱，易洗、易干，有良好的穿着性能。派力司为夏季理想的男女套装、礼仪服、两用衫、长短西裤等的用料。图 5-34 为派力司及其应用实例。

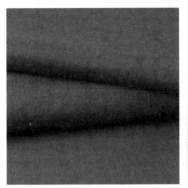

图 5-34　派力司及其应用实例（中山装）

四、丝型织物

1. 织锦缎

采用斜纹或缎纹组织，无捻或弱捻熟丝，表面呈现绚丽多彩的色织提花丝绸。也有称三色以上的缎纹织物即为锦，如彩锦（缎）等。传统的锦原料以染色熟丝为主，现代又增加了人造丝、金银丝。组织有重经、重纬和双层组织，分别构成了经锦、纬锦和双层锦。纹样多是龙、凤、仙鹤、梅、兰、竹、菊，或文字"福""禄""寿""喜""吉祥如意"等颇具民族特点的图案。外观富丽堂皇、五彩鲜艳，花纹古朴雅致，质地丰厚。

锦类品种繁多，其中，宋锦、蜀锦、云锦、壮锦并称中国四大名锦。此外还有织锦缎、金陵锦、彩经缎、彩库锦等。锦类用途很广，古时多用于制作帝皇将相、王公贵族的官服，现代用于制作妇女棉袄、旗袍、礼服、民族服装和戏剧服装，等等。图 5-35 为织锦缎及其应用实例。

2. 塔夫绸

又称塔夫绢，经纱采用复捻熟丝，纬丝采用并合单捻熟丝，以平纹组织为地织成的绢类丝织物。织品密度大，是绸类织品中最紧密的一个品种。塔夫绸紧密细洁，绸面平挺，

图 5-35　织锦缎及其应用实例（Christian Wijnants 大衣、劳伦斯·许云锦礼服）

光滑细致，手感硬挺，色泽鲜艳，色光柔和明亮，不易沾灰，缺点是折叠重压后会产生折痕。

根据所用原料分类，可分为真丝塔夫绸、双宫丝塔夫绸、丝棉交织塔夫绸、绢纬塔夫绸、人造丝塔夫绸、涤丝塔夫绸等。

根据织制工艺和花式品种分类，可分为素色塔夫绸、闪光塔夫绸、条格塔夫绸、提花塔夫绸等。素色塔夫绸用单一颜色的染色熟丝织造；闪光塔夫绸利用经纬丝的颜色不同，织成织品后形成闪光效应；条格塔夫绸利用不同颜色的经丝和纬丝按规律间隔排列，织品形成条格效应；提花塔夫绸简称花塔夫绸，是在素色塔夫绸的平纹地上，提织缎纹经花。

真丝塔夫绸追求的风格特点为柔而平挺、薄而丰满，可制作高档礼服、时装、羽绒制品、名贵饰品等，用于婚纱适合制作鱼尾形、A 字形和装饰繁复的款式。图 5-36 为真丝塔夫绸及其应用实例。

图 5-36　真丝塔夫绸及其应用实例（20 世纪 50 年代海军蓝塔夫绸礼服）

涤丝塔夫绸简称涤塔夫，是涤纶长丝织造的全涤薄型面料，由于经密很大，使得经纱凸起在织物表面形成颗粒状效应，这种颗粒状的外观是否明显和饱满，成为衡量织物质量好坏的依据之一。外观上具备良好的色泽，手感光滑，可以作为面料和里料。表面均可经涂层 PA、PU、PVC，涂金，涂银，涂白，涂红，涂黑，超强防泼水等一系列后加工处理，也可以用消光丝加工。适用于制作夹克衫、雨伞、车套、运动装、手提包、箱包、睡袋、帐篷、人造花、浴帘、桌布、椅套和各种服装和箱包的衬里。图 5-37 为涤塔夫及其应用实例。

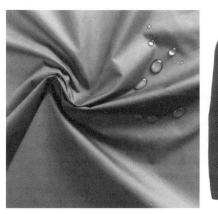

图 5-37 涤塔夫及其应用实例（休闲西装夹克）

3. 塔丝隆

锦纶长丝和锦纶空气变形丝织成的织物，也有涤纶塔丝隆。一般经线用 70D 锦纶长丝，纬线有 160D、250D、320D 等锦纶空气变形丝，也有单纬、双纬（250D×2）、三纬（160D×3）的产品。织物组织有平纹和平纹变化组织（小提花）、2/2 斜纹等。

一般作冲锋衣、运动服等面料，全消光塔丝隆也用来制作童装、校服等，提花产品也可制作休闲装、裙装等。图 5-38 为塔丝隆及其应用实例。

图 5-38 塔丝隆及其应用实例（冲锋衣）

五、仿麂皮织物

是仿制麂皮毛风格的面料。利用超细纤维做成针织布、机织布或无纺布后，经过磨毛或拉毛，再浸渍聚氨酯溶液，并经染色和整理得到。仿麂皮织物在成品的表面形成了细密均匀的绒毛，在性能、外观和手感上与真麂皮绒十分相似。这种织物不起皱，透气又保暖，易洗涤，不变形，不褪色，裁剪和缝纫方便，是很常见的时装面料。适宜制作春秋季外衣及大衣，也可以与其他织物以各种形式相拼，制成别具风格的夹克、妇女背心及童装等。图 5-39 为仿麂皮织物及其应用实例。

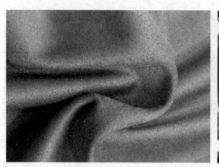

图 5-39　仿麂皮织物及其应用实例（女士夹克）

第三节 ▶ 丰厚型织物及其应用

丰厚型面料的质感厚实、丰满，面料的造型风格有足够的体积感和廓形感。常用面料多为粗纺呢绒、粗纺粗支针织品和绗缝织物等。粗纺粗支针织品和绗缝织物一般还会形成明显的肌理感。这类面料具有形体扩张感，不宜过多采用褶裥和堆积，设计中以 A 型和 H 型造型比较适宜。

一、粗纺呢绒

粗纺呢绒大多质地厚实，呢面丰满，色光柔和而膘光足。粗纺呢绒中呢面和绒面类不露底纹；纹面类织纹清晰而丰富。织物一般手感温和，挺括而富有弹性。

1. 麦尔登

麦尔登呢是粗纺呢绒中的高档产品之一，因首先在英国 Melton Mowbray 地方生产而得名。一般采用细支散毛混入部分短毛为原料，纺成 62.5～83.3tex 毛纱，多用二上二下或二上一下斜纹组织，呢坯经过重缩绒整理或两次缩绒而成，成品质量为 $360～480g/m^2$。麦尔登呢表面细洁平整、身骨挺实而富有弹性，并且有细密的绒毛覆盖织物底纹，耐磨性好，不起球，保暖性好，并有抗水防风的特点。麦尔登有纯毛、毛/黏或毛/锦/黏混纺等产品，以匹染素色为主，色泽有藏青、黑色、红色、绿色等，适宜作冬令套装、上装、裤子、长短大衣及鞋帽面料等。另外，麦尔登呢与经典格纹、毛织、羽绒等的拼接运用符合混搭时尚。图 5-40 为麦尔登及其应用实例。

图 5-40 麦尔登及其应用实例（THOM BROWNE 男士西服外套、BLACK BY MOUSSY 大衣）

2. 法兰绒

法兰绒一词系外来语，一般是指混色粗梳毛纱织制的具有夹花风格的粗纺毛织物，大多采用斜纹组织，也有用平纹组织，经过重缩绒、拉毛等后整理而成，成品重量为 $250 \sim 400 \mathrm{g/m^2}$。呢面有一层丰满细洁的绒毛覆盖，不露织纹，手感柔软平整，混色均匀，身骨比麦尔登呢稍薄。所用原料除全毛外，一般为毛黏混纺，有的为提高耐磨性混入少量锦纶纤维。色泽素净大方，多为黑白夹花的灰色调，法兰绒适宜制作春秋男女上装、西裤、大衣、套装和便服。图 5-41 为法兰绒及其应用实例。

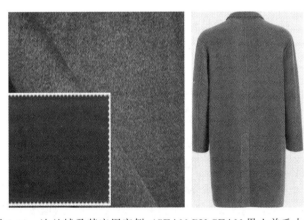

图 5-41 法兰绒及其应用实例（SEAN BY SEAN 男士羊毛大衣）

3. 大衣呢

用粗梳毛纱织制的一种厚重毛织物，因主要用作冬季大衣而得名。织物重量一般不低于 $390 \mathrm{g/m^2}$，厚重的在 $600 \mathrm{g/m^2}$ 以上。品种与花色、档次繁多，进行缩绒、起毛的后整理加工，使质地丰厚，保暖性强。按织物结构和外观分为平厚大衣呢、立绒大衣呢、顺毛大衣呢、拷花大衣呢和花式大衣呢等。根据用途和档次不同，原材料可使用羊绒、羊毛、羊驼毛、马海毛、聚酯纤维或者这些纤维的混纺等。其中，羊驼毛大衣呢具有一定挺括性，毛感丰富，光泽柔和，常用作高档大衣的面料，以纯色、格纹为主。图 5-42 为大衣呢应用实例。

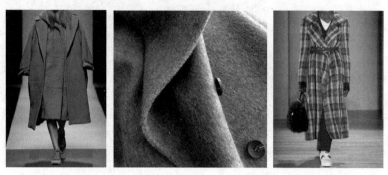

图 5-42　大衣呢应用实例（MaxMara 秋冬大衣、羊驼绒大衣）

4. 制服呢

用中低级羊毛织制，是一种较低档的粗纺呢绒。织物呢面较匀净平整，无明显露纹或半露纹，不易发毛起球，质地较紧密，手感不糙硬。除纯毛外，混纺的品种档次较多，有毛与黏胶纤维、锦纶或腈纶等。制服呢的重量范围为 $400\sim500\mathrm{g/m^2}$，色泽以黑色、藏青为主，适于制作中低档制服、外套、夹克衫、大衣和劳动保护用服等。

5. 粗花呢

粗纺呢绒中具有独特风格的花色品种，其组织变化丰富，通过利用两种或两种以上的单色纱、混色纱、合股夹色线、花式线与各种花纹组织配合，织成人字、条子、格子、星点、提花、夹金银丝以及有条子的阔、狭、明、暗等几何图形。成品重量为 $250\sim420\mathrm{g/m^2}$。织物色彩鲜明，花纹粗犷活泼或文雅大方。因后整理时缩绒、起毛的工艺差别很大，形成的织物外观也显著不同。原料有全毛、毛黏混纺、毛黏涤或毛黏腈混纺以及黏、腈纯化纤等。花式品种繁多，色泽柔和，主要用作春秋两用衫、女式风衣等。图 5-43 为粗花呢及其应用实例。

图 5-43　粗花呢及其应用实例（Chanel 套装）

二、粗纺粗支针织品

采用粗支纱线，结合肌理感明显的针织组织织制而成的针织物，多为成型的针织毛衫，或者针织衣片与梭织面料拼接设计服装。粗纺针织面料越来越普遍，有单面针织，双面针织，花式纱、圈圈纱针织面料等。粗纺针织品的手感一般都好于梭织，同样成分、规格的针织面料，价格比梭织面料高 10%。粗纺针织物工艺也具有独特的风格。粗纺针织物有着打棒针的编织效果，绒面丰厚平整、色泽均匀、微有光泽，手触有温暖感，折压后无折皱痕，毛料松软、回弹性强。图 5-44 为粗纺针织物及其应用实例。

图 5-44　粗纺针织物及其应用实例（Cristiano Burani 粗纺针织套头衫）

棒针粗犷感绞花结构针织裁片丰富了男装毛衫及针织外套的款式，经典粗犷的羊绒、羊毛纱线，粗疏的羔羊毛纤维可以打造出充满古典艺术感觉的厚实粗棒针织面料。图 5-45 为绞花针织面料及其应用实例。

图 5-45　绞花针织面料及其应用实例

颗粒肌理针织物采用强捻、粗纺纱线与不规则织物的颗粒状纹理模仿出珊瑚表面的颗粒触感，将自然感纹理与舒适性融合在一起。强捻纱具有混杂与不规则色彩的粗纺效果。颗粒触感的针织面料具有较好的弹性，合股纱线带来杂花的视觉效果，微毛绒效果的花式纱线起到保暖作用。适用于套衫、连衣裙、开衫类单品，体现秋冬闲适风格。图 5-46 为颗粒肌理针织物及其应用实例。

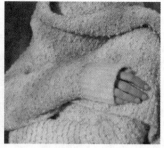

图 5-46　颗粒肌理针织物及其应用实例

三、绗缝组织织物

绗缝组织的结构特点是在上、下针分别进行单面编织形成的夹层中衬入不参加编织的纬纱，然后根据花纹的要求，选针进行不完全罗纹编织形成绗缝。绗缝组织由于两层结构中间夹有衬纬纱，在没有绗缝的区域内有较多的空气层，织物较厚实蓬松，保暖性好，尺寸也较稳定，是生产冬季保暖内衣的理想面料，也可以结合流行趋势设计时尚舒适的外套与卫衣类产品。规律循环排列的花型适合卫衣单品，版型多以舒适宽松为主。外套单品多以大尺寸不规则形状出现，肩线下落打造出都市休闲风格。图 5-47 为绗缝组织织物及其应用实例。

图 5-47　绗缝组织织物及其应用实例（Emporio Armani 绗缝压花套头衫）

通过绗缝组织生产特殊外观效果的织物，如膨化浮雕肌理、凸纹浮雕面料等。采用半浮雕艺术化的形式让织物的表面肌理更具凹凸立体感。别致而又超膨化的凹凸纹样用于男士商务棉/羽绒服，可带来与以往不同的创新性肌理表面。图 5-48 为凸纹浮雕面料。

图 5-48　凸纹浮雕面料

第四节 ▶绒毛型织物及其应用

绒毛型织物是指表面起绒或有一定长度的细毛的面料，如灯芯绒、平绒、天鹅绒、丝绒，以及动物毛皮和人造毛织物等。这类面料有丝光感，显得柔和温暖，其绒毛层增加了厚度感和独特的塑型魅力。绒毛型面料因材料不同而质感各异，在造型风格上各有特点，一般以 A 型和 H 型的造型为宜。

一、机织起毛型织物

1. 灯芯绒

灯芯绒是割纬起绒、表面形成纵向绒条的棉织物。布面呈灯芯状绒条，绒条圆直，绒毛丰满，质地厚实，手感柔软，坚牢耐磨，保暖性好。原料有纯棉、涤棉、氨纶包芯纱等。按加工工艺分，有染色、印花、色织、提花等不同的品种。按每 2.54cm（1in）宽织物中绒条数的多少，又可分为特细条（≥19 条）、细条（15～19 条）、中条（9～14 条）、粗条（6～8 条）和阔条（<6 条）灯芯绒，以及间条（粗细相间）灯芯绒、花式灯芯绒等。灯芯绒用途广泛，主要用于外衣、童装、裤料、鞋帽等。为了防止其倒毛、脱毛，洗涤时不宜用热水揉搓，不能在正面熨烫。图 5-49 为灯芯绒及其应用实例。

图 5-49 灯芯绒及其应用实例（HLA 印花灯芯绒棉外套、levi's 休闲裤）

2. 平绒

平绒采用起绒组织织制再经割绒整理而成，一般经向采用精梳双股线，纬向采用单纱，布面均匀布满稠密、平齐、耸立且富有光泽的绒毛，故称平绒。平绒绒毛丰满平整，质地厚实，手感柔软，光泽柔和，耐磨耐用，保暖性好，不易起皱。主要用作女士春、秋、冬季服装和鞋帽的面料等。图 5-50 为平绒及其应用实例。

图 5-50　平绒及其应用实例（女士西装）

3. 丝绒

丝绒是割绒丝织物的统称。表面有绒毛，大都由专门的经丝被割断后构成。由于绒毛平行整齐，故呈现丝绒所特有的光泽。织物质地厚实，坚牢耐磨，手感柔软，富有弹性。丝绒种类繁多，按照原料可分为真丝绒、人丝绒、交织绒；按照后整理工艺可分为素色绒、印花绒、烂花绒、拷花绒、条格绒、立绒等。可制作礼服、旗袍、披肩、斗篷、民族服装、女式时装、套裙、装饰绸等。常见品种有天鹅绒（漳绒）、乔其绒、利亚绒、金丝绒、长毛绒、兰花绒等。化纤制作的丝绒经常被用于礼盒内衬、家居装饰、行李箱内衬及坐垫等。图 5-51 为丝绒及其应用实例。

图 5-51　丝绒及其应用实例（罗蒙刺绣真丝丝绒连衣裙）

4. 毛巾布

采用毛圈组织织制，其毛圈是由织物组织及织机送经打纬机构的共同作用所构成的，需要两个系统的经纱（即毛经和地经）和一个系统的纬纱交织而成。地经与纬纱构成底布，成为毛圈附着的基础，毛经与纬纱构成毛圈。毛巾织物按毛圈分布情况可分为双面毛巾、单面毛巾和花色毛巾三种。图 5-52 为毛巾布及其应用实例。

图 5-52 毛巾布及其应用实例（浴袍）

二、针织绒类织物

1. 摇粒绒

摇粒绒又叫羊丽绒，是针织面料的一种，在针织大圆机上织坯布，之后先经染色，再经拉毛、梳毛、剪毛、摇粒等多种复杂后整理工艺加工处理。面料正面拉毛，摇粒蓬松密集而又不易掉毛、起球；反面拉毛疏稀匀称，绒毛短少，组织纹理清晰、蓬松、弹性好。

摇粒绒的主要成分是聚酯纤维（涤纶），具有柔软轻质、保暖性好、易洗快干等特点。通过控制原料种类，如长丝、短纤维纱，或采用超细纤维，结合不同的"摇粒"工艺，可以改变面料表面颗粒的细腻程度，如细腻颗粒、大颗粒等，形成风格丰富的产品。摇粒绒有素色与印花之分，素色摇粒绒根据要求不同，可以分为抽条、压花、提花摇粒绒等。印花摇粒绒根据印花的浆料不同，有渗透印花、胶浆印花、转移印花彩条等花色品种。

摇粒绒可用于制作外套、裤子、背心等，也有用于制作外套的里料、还可以用作玩具、毯子、披风、手套、围巾、帽子、靠垫、鞋子等的面料。另外，摇粒绒还可以与一切面料进行复合处理，使御寒的效果更好。图 5-53 为摇粒绒应用实例。

图 5-53 摇粒绒应用实例（Forte Forte、INSUN 大衣）

2. 珊瑚绒

由于纤维间密度较高，呈珊瑚状，覆盖性好，犹如活珊瑚般轻软的体态，色彩斑斓，故称之为珊瑚绒。

纬编珊瑚绒在割圈式针织大圆机上织造，毛高由上盘和下筒间的高度决定。尔后经过（碱量）染整、梳毛、剪毛等工艺加工而成。经编珊瑚绒在双针床经编机上织造，毛高由两针床之间距离的二分之一控制。坯布再沿两针床之间的延展线剖开成两匹。而后经过预定、（碱量）染整、刷毛、梳毛、剪毛等工艺加工而成。

珊瑚绒采用DTY超细纤维为原料制造生产，也有用锦涤复合丝作原料的。与其他纺织品相比，其优点包括色泽淡雅、柔和，手感柔软、细腻，覆盖性好，不掉毛，易染色等。另外，由于纤维有较大的比表面积，因而有较高的芯吸效应和透气性，穿着舒适。

珊瑚绒主要用于睡袍、婴儿制品、童装、睡衣、鞋帽、玩具、车内饰品、工艺制品、家居饰品等领域，在家纺行业很受青睐。图5-54为珊瑚绒毯。

图 5-54　珊瑚绒毯

3. 针织天鹅绒

针织天鹅绒是纬编绒类针织物的一种，织物的一面由直立纤维或纱形成的绒面所覆盖，绒毛细密、手感柔软，类似天鹅的里绒毛。天鹅绒绝大部分是用反包毛圈针织大圆机织造的，一般的毛圈高度为 $2.5\sim3.0$mm。天鹅绒面料可采用棉、腈、黏胶丝、涤纶和锦纶等不同原料制成。

针织天鹅绒有弹性，经过后整理加工，如剪花、烂花、烫金、压花、复合等，可以生成丰富的品种，增加产品用途。主要用作女装外衣面料、童装面料、衣领或帽子用料等。图5-55为天鹅绒及其应用实例。

4. 针织毛巾布

针织毛巾布是针织毛圈组织织物，由平针线圈和带有拉长沉降弧的毛圈线圈组合而成。可以分为普通毛圈组织和花色毛圈组织两类，同时还有单面和双面之分。这类织物柔软舒适，保暖、吸汗，有温暖感。适用于打底衫、睡衣、浴巾、毛巾、卫衣里料等。

图 5-55 天鹅绒及其应用实例

三、静电植绒织物

用静电在坯布上进行植绒后的织物。具有仿毛皮、遮光、保暖（防寒）、吸湿、装饰、吸音（隔音）等功能。用作植绒的底布有锦纶织物、黏胶织物或非织造织物等，绒毛纤维的种类有黏胶纤维、锦纶、涤纶和腈纶等。静电植绒加工过程如图 5-56 所示，植绒时将底布通过直流高电压的静电场，微小绒毛（或叫短绒）带电，并从一个电极被吸引到另一个电极，垂直地植附在涂有黏合剂的底布上，然后通过焙烘，使绒毛固结。种类有满地绒、花纹绒（印花）、单面绒、双面绒、单色绒、多色绒等，静电防护织物主要用于无菌无尘工作服、手术服、安全工作服和防火、防燥工作服等。

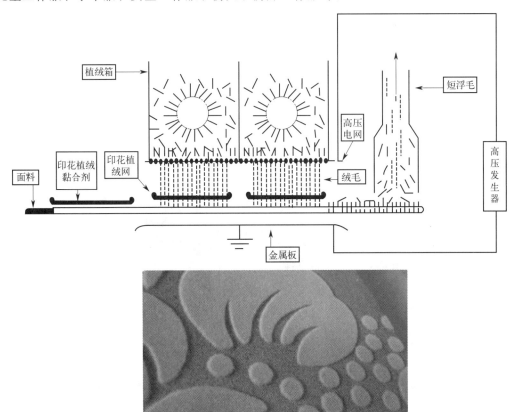

图 5-56 静电植绒加工过程示意图及其织物实例

第五节 ▶ 透明型材料及其应用

透明型材料包括轻薄半透明织物和薄膜类材料。轻薄半透明织物常用于线条自然丰满、富于变化的 H 型和圆台型的设计造型。薄膜类材料的厚度和透明度变化丰富，具有比较好的柔韧性和可塑性，适合制作防水服饰和各种创意服饰产品，也可以用作隐形肩带等服饰辅料。

一、轻薄半透明织物及其应用

这类面料质薄而通透，能不同程度地展露体型，具有绮丽优雅、朦胧神秘的效果，适于表现优美、浪漫主题效果的服饰造型。由于布料的重叠，会形成悬垂状态的褶裥或碎褶，从而产生曲折变化的美感。透明型面料的质感分为柔软飘逸型和轻薄硬挺型，设计造型时可根据柔、挺的不同手感，灵活而恰当地予以表现。其分类见表 5-3。

表 5-3 轻薄半透明织物分类

特征	棉型织物	丝型织物	其他
轻薄半透明织物	巴厘纱	乔其纱、欧根纱、雪纺、其他纱类、绡类织物	蕾丝面料

1. 巴厘纱

又称玻璃纱，英文名 Voile，是一种用平纹组织织制的稀薄透明机织物，细特强捻纱织制，精梳纱线为主。织物密度稀疏，质地稀薄，手感挺爽，布孔清晰，富有弹性，透气性好，穿着舒适。按加工方法不同，玻璃纱有染色玻璃纱、漂白玻璃纱、印花玻璃纱、色织提花玻璃纱等类型。适用于制作夏季衬衣裙、睡衣裤、头巾、面纱、台灯罩、窗帘等。图 5-57 为巴厘纱及其应用实例。

图 5-57 巴厘纱及其应用实例（Edinburgh College of Art 衬衫、棉围巾）

2. 烂花布

用耐酸的长丝或短纤维与不耐酸的棉或黏胶纤维纺成包芯纱或混纺纱，织成布后经烂花工艺处理，布料中部分花纹的纤维被烂去后，使布面呈现透明与不透明两部分，互相衬托出各种花型。烂花布的纤维原料一般可用涤/棉、涤/黏、丙/棉、维/棉、丝/黏等。烂花布质地细薄，花纹轮廓清晰、立体感强。

3. 雪纺

经纬线都采用涤纶或者真丝为原料，经左右加捻加工而成，由于面料经纬疏朗，特别易于透气。真丝雪纺缩率在 10% 左右。涤纶雪纺在染色中碱减量处理充足，面料手感尤为柔软。碱减量处理也称为仿真丝绸处理，是在高温和较浓的烧碱液中处理涤纶织物的过程。涤纶表面被碱刻蚀后，其质量减轻，纤维直径变细，表面形成凹坑，纤维的剪切刚度下降，消除了涤纶丝的极光，并增加了织物交织点的空隙，使织物手感柔软、光泽柔和，改善吸湿排汗性，具有蚕丝一般的风格。

雪纺轻而柔软，可以做层次丰富的裙子，特别飘逸。在夏季雪纺裙设计中，常用的设计手段是利用其良好的自然悬垂感形成丰富的褶效果，如图 5-58 所示。

图 5-58　雪纺的应用实例（雪纺连衣裙）

4. 乔其纱

又名乔其绉，是一种轻薄平纹组织的绉类丝织物。经纬纱采用 S 和 Z 两种不同捻向的强捻纱，两根相间排列，并配置稀松的经纬密度织制，坯绸经炼染后因强捻纱的退捻效应，导致绸面上密布细致均匀和明显的颗粒微凸。

乔其纱质地轻薄，飘逸透明，手感柔爽，透气和悬垂性良好。织物富有弹性，缩率高，一般为 10%～12%，因此需先落水，待其充分缩水后，再裁剪制衣。乔其纱的规格一般有 8m/m、10m/m、12m/m，较厚的重乔是 22m/m。乔其纱适合做围巾，特别是

8m/m乔其纱，非常适合做真丝纱巾，特别轻薄飘逸；也可用于衬衫、衣裙、高级礼服，但一般都要用双层，否则太透；重乔其纱可以用来做裤子。图5-59为乔其纱及其应用实例。

图 5-59　乔其纱及其应用实例（Gucci 衬衫、乔其纱巾）

5. 欧根纱

也叫欧亘纱、柯根纱，是质地透明和半透明的硬纱。真丝欧根纱本身带有一定硬度，易于造型，被欧美等国家广泛用于婚纱、连衣裙、礼服裙的制作，多覆盖于缎布或丝绸上面。

化纤欧根纱成分有100％涤纶、100％锦纶、涤纶与锦纶、涤纶与人造丝、锦纶与人造丝等。不仅可用于制作婚纱，还可用于制作窗帘、连衣裙、圣诞树饰品、各种饰品袋，也可用来制作丝带。通过后加工如压皱、植绒、烫金、涂层等，风格更多，适用范围更广。图5-60为欧根纱应用实例。

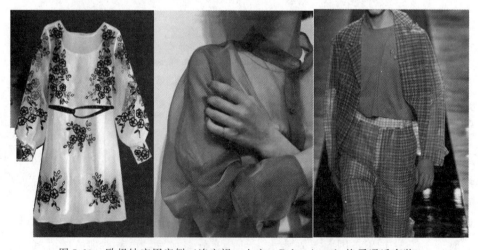

图 5-60　欧根纱应用实例（连衣裙、上衣、Palm Angels 格子通透套装）

6. 丝型绡类织物

采用平纹组织或假纱组织（透孔组织），经、纬丝加捻，构成有似纱组织孔眼的花素织物，具有清晰方正的微小细孔，经纬密度较小，质地轻薄挺爽，透明或半透明。原料有桑蚕丝、人造丝、涤纶丝和锦纶丝，也有交织的。

按织造工艺分为素绡、提花绡、修花绡、烂花绡。绡类织物是颇受市场欢迎的产品，花式品种较多，用途广泛，可用于制作女式晚礼服、连衣裙、披纱、头巾等。常见品种有建春绡、乔其绡、伊人绡、长虹绡等。

7. 丝型纱类织物

全部或者部分采用纱组织，织物表面有均匀分布的由绞转经纱所形成的清晰纱孔，不显条状的素、花丝织品。透气性好，是夏季服装的理想面料。常见品种有香云纱、庐山纱、芝地纱等。

8. 蕾丝面料

是一种镂空并带有提花或绣花的面料，立体感很强。蕾丝面料轻而透，可以进行多层设计，面料本身带有细致纹理，具有朦胧、优雅和神秘感。根据加工方法不同，分为经编蕾丝、刺绣蕾丝（包含水溶蕾丝）和棉线蕾丝面料等。加入弹力纤维，可生产弹力蕾丝面料。蕾丝面料因质地轻薄而通透，具有优雅而神秘的艺术效果，被广泛运用于礼服、婚纱、内衣等各类女装中。设计中经常与轻盈的薄纱、闪亮的珠片等结合，体现了服装的高级时装感。以下简单介绍常见的蕾丝面料。

（1）经编蕾丝面料

在经编贾卡织机上织造的蕾丝面料，大多以锦纶丝、涤纶丝、黏胶丝为原料。经编蕾丝面料组织稀松，有明显的四方形或六边形孔眼，外观轻盈、优雅，在网孔地组织的基础上进行衬纬、压纱衬垫等工艺可以形成十分丰富的装饰性花型。经常被用于制作女士内衣、文胸、紧身衣、窗帘、台布等。在涤纶丝中加入氨纶织造而成的高弹提花蕾丝面料更具稳定性，不易变形，同时可以提高穿着舒适性。图 5-61 为经编蕾丝面料及应用实例。

（2）彩绣蕾丝面料

选用轻薄透明类面料做底布，通过电脑平板刺绣机在底布上绣花，形成精细、花形凸出、立体感强的花色织物。绣花可以是重复的小花型循环排列，也可以是以独立花型为主、色彩缤纷的图案。彩绣蕾丝面料多应用于裙装、罩衫、小礼服中，其中，将彩绣蕾丝与亮片组合搭配，可增添整体明暗关系，使款式独树一帜，更具开发价值。图 5-62 为彩绣蕾丝面料应用实例。

（3）水溶绣花蕾丝面料

水溶绣花蕾丝面料，底布为水溶性材料，刺绣完成后经过热水洗涤，可以去除底布，形成镂空面料。此类面料立体感强，起伏凹凸的立体纹理精致又具有艺术感。水溶蕾丝经

图 5-61　经编蕾丝面料及应用实例（Materiel 通透套装）

图 5-62　彩绣蕾丝面料应用实例（Giambattista Valli 上衣、Reem Acra 裙装）

常体现为镂空的大图案设计。图 5-63 为水溶绣花蕾丝面料应用实例。

图 5-63　水溶绣花蕾丝面料应用实例（FLO NAKED 套装）

（4）钩织棉线蕾丝

钩织棉线蕾丝面料由 97％左右的棉与 3％左右的氨纶制作而成，通过钩织形成镂空雕花效果，花型变化多样。棉线材料的使用使得面料具有良好的舒适性、吸水性及排汗性。氨纶成分的存在则使面料具有一定的回复能力，防止面料缩水或者变形。钩织棉线蕾丝以不同的图形自带造型感，可设计款式多样的时尚品。图 5-64 为钩织棉线蕾丝面料应用实例。

图 5-64　钩织棉线蕾丝面料应用实例（Biyan 外套、BlingBlingQuinn 裙装）

（5）烧孔刺绣

又称雕孔绣、打孔绣，是借助绣花机上安装的雕孔刀或雕孔针等工具在刺绣面料上打出孔洞后进行包边刺绣。也有用激光烧空在布料上切割出新颖的镂空图案，创造出唯美立体感的烧孔刺绣面料。烧孔蕾丝面料用棉质地的面料尽展自然舒适感。精致的小花型烧孔展现女性的俏皮活泼，夸张的大烧孔图案体现优雅浪漫的调性。棉感烧孔刺绣蕾丝面料以全身、局部的方式应用于服装设计中，展现不同强度的透视效果，被广泛应用于外套、衬衫、裙装中，以不同的刺绣颜色展现单品的图案效果。图 5-65 为烧孔刺绣面料应用实例。

图 5-65　烧孔刺绣面料应用实例（裙装、Marc Cain 外套）

9. 网眼面料

有网眼形小孔的织物即网眼面料。用不同的设备可以织造不同的网眼面料，主要有机织网眼面料和针织网眼面料两种。

针织网眼面料也分两种：纬编针织网眼布和经编针织网眼布。经编网眼的形成方法多种多样，网眼有大有小，网眼深度可以从两个线圈横列到十几个线圈横列。网眼的形状多种多样，有三角形、正方形、长方形、菱形、六角形、柱形等。通过网眼排列，可呈现直条、横条、方格、菱形、链节等花纹效应。有结构不对称、左右对称或左右和上下均对称之分，也有素色和花色之分。原料一般为锦纶、涤纶和氨纶等。

针织网眼布的成品有高弹网眼布、蚊帐布、洗衣网、箱包网、硬网、三明治网布、可里可特、绣花网布、婚纱网、方格网、透明网、美国网、钻石网、提花网、花边等各种网眼布。可用作服装面料或辅料，如运动服、婚纱等的网纱以及服装衬里、花边、绣花网布、鞋面等，也可以用于制作蚊帐、窗帘、箱包、洗衣网等。

机织网眼面料的织制方法一般有两种：一种采用纱罗组织织造，由两组经纱，相互扭绞后形成梭口，与纬纱交织，形成网眼形小孔，结构稳定，称为纱罗；另一种是采用透孔组织织造，形成类似于纱罗的孔眼，也称假纱罗。机织网眼面料有白织或色织，也有大提花，可织出繁简不同的图案。其透气性好，经漂染加工后，纱孔清晰，布面光洁，布身挺爽，透气性好。除了做夏季服装外，也适宜做窗帘、蚊帐等用品。

二、薄膜类材料

用在服装上的通常为 TPU 薄膜，是由热塑性聚氨酯粒子经吹塑、流延、压延或压光片材成型、挤出涂覆等方式加工成型的。用于服装设计的 TPU 薄膜常见厚度为 0.1mm、0.2mm、0.5mm、0.8mm，有透明和半透明的区分，如图 5-66 所示。从人体舒适角度考虑，厚度为 0.2mm 的 TPU 薄膜可用作贴身服饰的设计，厚度为 0.5mm 的薄膜较硬挺，可用作局部装饰材料，不建议大面积贴身穿用。生产时在原料中加入颜色，可设计出各种颜色的 TPU 薄膜。

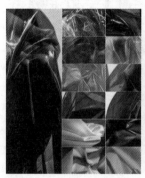

图 5-66　透明与半透明薄膜及其制品

　　TPU 薄膜拥有良好的强度、韧性、弹性以及曲挠性，而且防水透湿、可塑性好，适于做防水类服装、创意服装，防水手袋或手袋的透明防水层，各种小饰物等。也可以用作服饰辅料，如透明松紧带、隐形肩带、TPU 腰带、衣服标签、羽绒服等时尚服饰的镶边条等。图 5-67 为半透明薄膜应用实例。

图 5-67　半透明薄膜应用实例（Adidas 薄膜外套）

第六节　光泽型织物及其应用

　　光泽型面料表面光滑并能反射出亮光。这类面料包括缎纹组织织物、金银丝线织物、光感涂层织物和亮片织物等。光泽型面料的衣着有耀眼华丽的膨胀感，建议运用在夸张与前卫的款式中，可有适体、修长的简洁设计，或较为夸张的造型方式。光泽型面料产生一种华丽耀眼的强烈视觉效果，最常用于晚礼服或舞台表演服中。

一、缎纹组织丝型织物

　　由于蚕丝纤维本身三棱形的形态有反射光线的特性，因此其织造的织物会具有天然的光泽，尤其是采用缎纹组织织造的织物，由于织物表面长浮线紧密排列形成的反光效果，使得缎类织物光泽柔和、细腻，可用于制作高档礼服。真丝软缎、绉缎等面料光泽柔和，手感柔软顺滑，适合制作高级礼服、成衣或家居服装；织锦缎花型繁多，纹路精细，雍华瑰丽，可用来制作民族风格服装；人造丝与其他化纤软缎反射光最强，但光感耀眼、冷峻，一般用来制作舞台演出服装。图 5-68 为缎类织物礼服。

二、金银丝线织物

　　在织造时，将金银丝纱线织入织物中，根据使用金银丝线的方法和比例不同，使织物表面呈现出不同的光泽效果。如全部使用金银丝线织造，形成大面积的金属光泽；或者将

图 5-68　缎类织物礼服

金银丝线与普通纱线并线后织造，则在整个布面分布有星星点点的金属色。目前可以制造各种颜色的金银丝线，因此设计空间很大。图 5-69 为金银丝线织物礼服。

三、光感涂层织物

1. 金属涂层织物

金属色附加材料会带来炫目的效果，如金属溶液涂层、金粉涂刷、喷色等工艺。采用这些处理方法将金属附着在织物或者薄膜上，使其呈现闪亮的金属光泽，甚至一些幻彩效果，体现工业化、科技感的视觉冲击。此类材料一般偏硬，制成的服装线条硬朗，廓形比较明显。如图 5-70 中的案例，夸张的紫罗兰色金属光泽衬衫，搭配极具民族感图案的 A 字裙，给人以强烈的视觉冲击。

使用不同的涂层材料可以产生丰富的视觉效果，使得金属涂层面料可以用于不同风格的服装中。箔面涂层尼龙与 3M 反光面料可以给予未来感与科幻感，而且反光、防水、防风、吸湿、排汗，既时尚，也具有强大的功能性。箔面反射面料具有极强的视觉冲击，给人带来

图 5-69　金银丝线织物礼服

未来感，适用于羽绒服、套装类单品。羽绒服廓形以 H 型为主，可利用绗缝工艺增加单品的体积感。图 5-71 为箔面涂层服装。

图 5-72 中的面料具有液态水银涂层效果，采用黏胶长丝、莫代尔等纤维的针织面料作基布，织物表面形成液态般流动感的水银金属外观，兼备科技与奢华感。此类面料主要用于男装面料，如健身、运动、训练、跑步、外套、休闲裤装等。

图 5-70　金属涂层服装

图 5-71　箔面涂层服装（Off-White、Burberry 箔面反射棉服）

图 5-72　液态水银光泽面料

2. 反光涂层织物

反光材料通过各种光源的折射产生发光现象，材料本身具备逆反射性能，将反光涂层涂覆到服装面料上，在光的折射下可以呈现出面料纹理和渐变的色彩。将其运用到日常服装中，让穿着者在夜间出行或者在夜间工作时十分醒目，可以对穿着者起到安全保护作用。而且通过设计可以使发光涂层织物具备酷炫的视觉效果，颇受年轻人喜爱。

反光材料薄膜附着在服装的表面上所打造出来的反光效果，让衣服随着穿着者的动作变化而变化。在夜间或视线不良环境里，反光图文不仅能明显提高穿着者的被可视性，还对穿着者的服饰起到了装饰美观的作用。高识别反光材质在服装上的运用，不仅可以作为新型的服装面料用来制作服装，而且可以通过高温熨烫、热转移、印花等工艺运用到服装的衣袖、胸部和后背等部位，实现图案的装饰性效果。图 5-73 为反光涂层材料应用实例。

正常　　　　　　　反光

图 5-73　反光涂层材料应用实例

反光彩虹面料是一种特殊的反光织物，利用玻璃微珠或荧光基膜来对光进行折射和反射，再通过涂层材料实现，形成有规则的变色效果，映出幻彩般的颜色，同时还有着类似于金属的质感，在低光环境下，这种效果会更加明显，甚至有点脱离肉眼所能辨认出的现实感。为了获得特定的图文和反光效果，使用热转印技术，在 PET 膜上黏附一层反光玻璃微珠，再涂特亮反光涂层构成。玻璃微珠反光膜还需要添加热熔胶之后才可以自由应用于皮革和布等面料上，从而获得相对强的抗剥落强度和耐碱性。根据涂层颜色的不同，折射的光的色彩也不同，可用于成衣、装饰布和其他各种面料上。这种反光涂层材料兼具色彩装饰元素和遇强光反射闪亮的装饰元素，而且是透明材料，可以通过改换不同颜色的底材和花纹，做出令人眼花缭乱的设计。在灯光照射的变化下，为服装赋予年轻活力和个性潮流等时尚因素。反光彩虹面料适用于运动感夹克、风衣、外套等单品，可打造奢华与科技感兼具的光感表面。全息光感表面效果增强光线反射，为服装带来更加丰富的色彩变化。

3. 珠光涂层面料

通过在织物表面涂上一层含有珠光颗粒的聚氨酯树脂，可以让织物散发出璀璨的光泽，使织物表面具有珍珠般的光泽，可以做成银白色和彩色表面。珠光有天然和人造之分，可从鱼鳞中提取人造珠光。珠光不需要光源激发，材料耐酸碱、耐高温。珠光涂层织物显示珍珠般的柔和光彩、雍容华贵，具有优良的手感和牢度，兼具科技感和奢华感，做成服装非常漂亮。根据使用基布的不同，区分为 PA 珠光和 PU 珠光，PU 珠光比 PA 珠光更加平整光亮，膜感更好，有"珍珠皮膜"的美称。图 5-74 为珠光涂层面料应用实例。

图 5-74 珠光涂层面料应用实例（KENZO 贝母光泽羽绒服）

4. PU 革面料

PU 革即聚氨酯合成革，是模拟天然革的组成和结构并可作为其代用材料的塑料制品。表面主要是聚氨酯涂层，基料是涤纶、棉、丙纶等材料制成的无纺布。其正、反面都与皮革十分相似，并具有一定的透气性。特点是光泽漂亮，不易发霉和虫蛀，通张厚薄、色泽和强度等均一，制作服装的工艺比天然皮革简单。时尚流行催生出各种特殊效果的 PU 革，如通过材料的变幻和结构实现果冻蜡质感的涂层，使得面料的光泽效果更加强烈，以此来展现创意与创新性。通过夸张的设计手法，玩转立体感和超大廓形，如图 5-75 所示。

另外，在染色技术和肌理上也不断创新，如 2020/2021 年秋冬流行趋势的几何网格纹肌理 PU 革面料，打造运动网眼风格，也同时为商务男装的皮衣市场开拓了新的方向，如图 5-76 所示。

图 5-75　果冻蜡质涂层面料服装

图 5-76　整齐网格 PU 革面料及应用实例（Berluti PU 革夹克）

四、亮片织物

在织物上大面积刺绣珠片制成的闪光片布料，珠片材质属于反光材质，具有炫目的反光闪亮效果。亮片是塑料或金属的，可以有不同的类型、形状和其他参数，最常见的是 4～7mm 的亮片。亮片织物常用来制作礼服、舞台服装等。图 5-77 为亮片织物及其应用实例。

图 5-77　亮片织物及其应用实例

第六章

户外运动服常用面辅料

　　户外运动服即人们在户外运动中穿着的专业服饰。它区别于普通意义上的运动休闲服,具有独特的功能性,同时根据不同的户外运动项目发展出不同的种类款式,包括城市休闲、户外徒步服、骑行服、登山服、滑雪服等。按照运动危险程度可分为极限运动服、亚极限运动服、休闲运动服。

　　为适应户外运动对着装的苛刻要求,户外运动服可以采用从内到外"三层着装",内、中、外三层每一层都有不同的功能性,以达到防风、防雨、保暖、吸湿速干、透气等功能。这种三层着装法可以根据不同类型的运动项目和户外环境条件,轻松切换穿着搭配,可以是内中外三层结合的全功能性外衣,也可以选用其中的一层或者两层进行搭配。

　　大多数户外功能服都采用先进的面辅料,以满足户外服的功能要求。户外服的外层面料通常都采用防风、防水、防污、防静电等的功能性面料,絮填材料通常采用鹅绒、鸭绒、化纤絮填料等,拉链辅料一般都具有密封性。内衣一般选用有吸湿排汗功能的面料。图 6-1 为 Peak Performance 冲锋衣套装及其外层面料功能示意图。

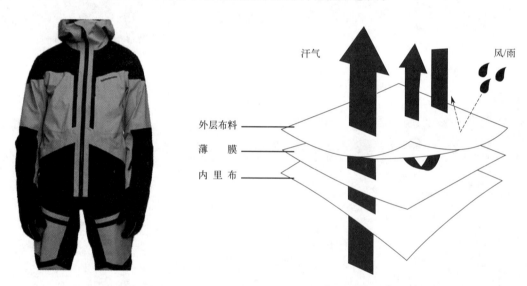

汗气　　　　　　　　　　　风/雨

外层布料 ————
薄　　膜 ————
内里布 ————

图 6-1　Peak Performance 冲锋衣套装及其外层面料功能示意图

第一节 ▶ 面料

一、外层服装面料

　　根据使用性能的要求,外层服装主要起到防风、防雨雪、抗摩擦等作用,面料通常需要做防水整理,大多数传统织物的防水整理是用涂层或者薄膜,现代用在户外服装上的防水面料较多使用含氟化合物或有机硅作整理剂进行防水处理,常用的面料有 GORE-TEX、eVent、SympaTex、TORAY 可降解绿色环保面料等。

1. GORE-TEX 面料

GORE-TEX 是美国 W. L. Gore & Associates，Inc.（戈尔公司）独家发明和生产的一种轻、薄、坚固和耐用的面料，它具有防水、透气和防风功能，突破一般防水面料不能透气的缺点，所以被誉为"世纪之布"，被很多世界顶尖名牌采用，成为户外运动产品面料的领导者。GORE-TEX 面料（图 6-2）不仅用于登山、远足、滑雪等各项户外运动，以及军队、安全消防等装备，还广泛地用于城市休闲服装。

图 6-2 GORE-TEX 吊牌及其面料功能示意图

GORE-TEX 采用的是膨体聚四氟乙烯（ePTFE）薄膜，薄膜呈微观网状结构（图 6-3），最小微孔可达 $0.1\mu m$，孔隙率高达 82%，平均每平方寸有 90 亿个比水珠小 2 万倍的小孔，使雨水不能渗透，但又比水蒸气分子大 700 倍，故只容水蒸气通过而不容水点通过，防水度高达 45000mm 水压，透气度更高达 $13500g/m^2/24h$，因而拥有超卓的防水透气功能。GORE-TEX 薄膜表面的细孔极小，形成极佳的防风效能，故能阻挡冷风透入，保持适当体温。同时 GORE-TEX 面料可阻止污染物、化妆品和油污的透过，因此，GORE-TEX 产品具有较强的使用寿命。

GORE-TEX 针对不同的产品应用有不同的区分，大致上分为 GORE-TEX®、GORE-TEX® Active 和 GORE-TEX® Pro 三种。GORE-TEX®针对一般生活需求或爬山徒步，是 GORE-TEX 使用最广泛的产品，时尚感较好，但透气性能相对较差，适合日常

图 6-3　ePTFE 膜在电显微镜下的照片（10000 倍）

户外及城市通勤的人群；GORE-TEX® Active 针对单日高度有氧活动，如马拉松、越野跑、骑行等，是三种面料中透气性最强的，但防风效果相对较差；GORE-TEX® Pro 针对高山负重徒步、攀登、高级滑雪等专业户外运动，是三个类别中最耐用的一种面料，且抗水压程度强。专业户外活动可能需要持续好几天负重 10～15kg，背包等对外衣的剧烈摩擦会造成 GORE-TEX 薄膜受损，因此需要专业级的 GORE-TEX Pro 产品。除此之外，还有专为羽绒外套开发的 GORE-DRYLOFT 产品，专注防风保暖的 GORE-WINDSTOP-PER 等，其吊牌见图 6-4。

图 6-4　GORE-DRYLOFT、GORE-WINDSTOPPER 吊牌

2. eVent 面料

eVent 也是顶级防水透气面料，其核心技术也是具有防水性的膨体聚四氟乙烯（ePT-FE）薄膜，这一点与 GORE-TEX 面料是一样的。官方提供的防水性超过 10000mmH$_2$O，透湿性在 10000g/m^2/24h 以上，二者使用的场景都差不多。eVent 的透气性比 GORE-TEX 好一些，但是耐磨性稍差。eVent 在市场上的应用比 GORE-TEX 少，但 eVent 性价比更高。图 6-5 为其功能示意图。

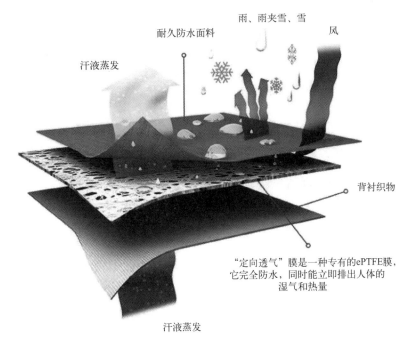

图 6-5　eVent 面料功能示意图

　　eVent 产品主要包含三类，最高端的为 WaterProof（蓝色水滴标识），其次为基础硬壳材料 Protective（灰色盾牌标识）、防风材料 Windproof（绿色刮风标识），以及新系列基膜技术 eVent Bio（绿色风雨标识）。WaterProof 系列使用单组分的 ePTFE 膜，是更透气、坚固的防水膜，提供更耐用的全天候保护，在不牺牲透气性的情况下，提供最大的防水性，适合风雨天气或大运动量的户外运动使用。Protective 系列为双组分 ePTFE 膜加 PU 膜的复合，侧重性价比，兼顾防水和耐用性，可用于多种防护工装和日常服装。Windproof 系列强调防风性，适合日常剧烈运动和中小雨环境中使用，有弹性舒适产品。eVent Bio 采用生物复合基材料，这种膜轻质、坚韧且柔软，可回收利用，结合了高透气性和高防水性能，并提供了一定的延展性，可用于多种服装。

3. SympaTex 面料

　　SympaTex（新保适）是一种无孔、无色、透光的亲水性合成物，拥有超强功能性的环保薄膜。SympaTex 薄膜可以和纺织物、皮革等材料复合，实现 100％防风、防水和透气功能。SympaTex 面料的功能示意图如图 6-6 所示。

　　SympaTex 薄膜含有聚醚和聚酯组分，聚醚组分是亲水的，对水蒸气传递起到主要作用。水及水蒸气分子含有相同的原子（一个氧原子和两个氢原子），然而水分子和水蒸气分子的表现非常不同。当这些分子处于液体状态时，相互间紧紧吸附，单个分子无法吸附到薄膜分子链的正负电荷上，因此这种亲水性薄膜表现为真正的防水作用。但是水蒸气分子相互间非常独立，水蒸气分子能黏附到薄膜的正负电荷上，并被排到另一面。简单来说，面料是通过毛细运动原理，先将水汽分子吸附在薄膜内部，再通过内外压力差将内部

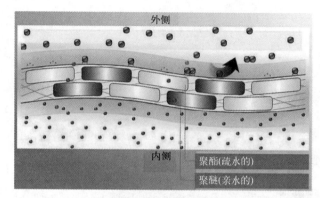

图 6-6 SympaTex 面料功能示意图

的水汽排出表面，这种方式称为间接透气。Sympatex 薄膜的强度高，而且伸展性好，不易破裂。

4. TORAY Dermizax 面料

Dermizax 是由日本 toray（东丽）公司研发的无孔型聚氨酯（PU）膜面料，高性能膜具有优异的防水性、透湿性、耐压性和低结露性，并具有高度伸展性。该层压面料保留了原面料的弹性，具有轻盈、服帖的特点，非常适用于在恶劣天气条件下的运动类服装，包括登山、户外运动及冬季运动服装等。

Dermizax 薄膜的亲水性分子排列成一个光滑的 3D 结构，可提高水分子的排出速度。Dermizax 专业面料的防水可以达到 20000mmHg，透气 10000g/m^2/24h，这种面料具有微多孔黏合层，随着人体温度升高，黏合层微孔自动扩大，提高人体运动蒸气的排出速度。该面料可以根据客户的要求，制作从极限耐力运动到时尚服装等各种不同用途的织物。图 6-7 为 Dermizax 面料户外运动服和吊牌。

5. Teflon 面料

Teflon（特氟龙）是由美国杜邦公司研发的一种化学制剂，用 Teflon 做涂层的产品能够实现三重防护，即防水、防尘和防油，得到的面料常被称为"三防"面料。Teflon 的化学性质极其稳定，在 ±190℃不会有任何改变，耐强酸强碱。Teflon 织物表层的氟化学物质与纤维距离非常小，水分和油污分子无法渗入，织物涂层形成分子屏障，液体接触表面后呈荷叶状水滴滑落，具备出色的拒水功能。Teflon 涂层具有极低的表面能，使得尘埃和污垢难以附着在其表面上，也能够有效抵抗油脂和污渍的侵蚀。图 6-8 为杜邦 Teflon 三防免烫风衣面料。

二、中间层服装面料

中间层服装的作用主要是保暖，常用的是抓绒面料，即摇粒绒。为了减轻户外运动的

图 6-7 Dermizax 面料户外运动服和吊牌

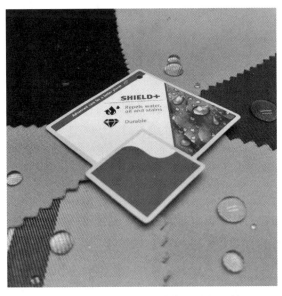

图 6-8 杜邦 Teflon 三防免烫风衣面料

负担，中间层服装的材料必须轻且暖，纯棉和羊毛等天然纤维在寒冷的天气中必须靠加厚才能起到很好的御寒作用，这就导致了衣物非常厚重，造成行动不便。而抓绒材质具有轻便、快干、易洗、柔软且极具保暖效果的特点，被大量地用于户外服装的中间层。中间层也有使用可脱卸羽绒服的。

抓绒面料中的典型品牌 POLARTEC® （图 6-9）是美国 Malden Mills 公司的典型产品，被誉为抓绒界的爱马仕。Malden Mills 公司于 1979 年发明了全球首款摇粒绒，并命名为 POLARTEC FLEECE，现今 POLARTEC 品牌下有很多系列，如 Base、Insulation、Weather Protection、Flame resistant 等，其每一个系列都针对不同功能而设计，满足了城市通勤和户外运动等多种需求。

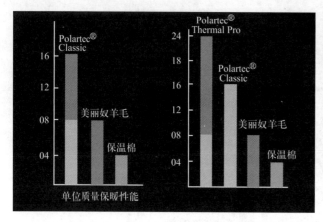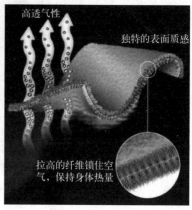

图 6-9　抓绒面料功能示意图

POLARTEC® 比一般的抓绒轻、软、暖和，而且不掉绒，快干性和伸缩性都非常好。POLARTEC® Classic 的御寒能力是美利奴羊毛的 2 倍、纯棉的 4 倍。POLARTEC® Thermal Pro 的御寒能力甚至可以达到美利奴羊毛的 3 倍、纯棉的 6 倍。

三、内层服装面料

内层服装又称恒温层或排汗层。户外运动时会带来身体不同程度的出汗和散热，因此内层服装的吸湿性和透气性最为重要。如果长时间出汗且不能速干或者排出，会让身体越来越冷，甚至造成"失温"，所以内层服装一般选用吸湿、排汗、速干的材料。

最典型的吸湿、排汗材料当属杜邦公司开发的 COOLMAX® 纤维（该品牌现已为杜邦公司分离出来的英威达公司所有），它是由聚酯纤维制成的异形中空纤维。其纤维外表有四道沟槽以及中空结构，使得面料有很好的毛细效应，导致了它的吸湿、排汗、透气特性。COOLMAX® 面料具有良好的透气性和快干性，可以随时将皮肤上的汗湿排出体外并快速蒸发，使皮肤随时随地和衣服保持清新干爽的舒适接触，在运动中有助于保持较低心率，适用于跑步、骑行等高强度运动。图 6-10 为 COOLMAX 商标及功能示意图。

无论在短时间还是较长时间内，COOLMAX® 纤维面料的干燥速率都明显优于其他面料。一般棉制品含水量是 COOLMAX® 的 14 倍，干透速度慢，保持体温的性能很低，COOLMAX® 的干燥速率几乎是棉的 2 倍。

吸湿排汗纤维与棉、麻、天丝等原料组成的混纺纱也层出不穷。

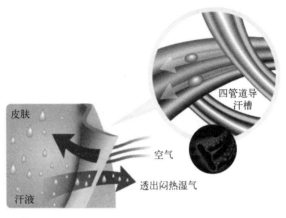

图 6-10　COOLMAX® 纤维及功能示意图

第二节 ▶ 辅料

一、絮填料

户外防寒服中重要的辅料是絮填料，需具有轻质保暖的性能。当前优质的絮填料是羽绒，其中又以鹅绒（GooseDown）最佳，也有一些其他高性能的化纤复合物。

1. 羽绒

在各种保暖材料中，无可否认羽绒是性能最为优越的，全因它松软之结构及可以折得极为细小，但羽绒的品质参差不齐，只有优质羽绒才拥有这些优点。其中，鹅绒的品质最好。羽绒的蓬松度（英文为 FP）是表征其保暖性的重要指标，蓬松度越高，越暖和。蓬松度以羽绒填充能力来表示，以一盎司羽绒能填满多少立方英寸来计算。常见服装使用的羽绒蓬松度（FP）为 $300 \sim 500$ 之间，而 FP 为 $650 +$ 级已是极品中之极品。另外，含绒量也是关键的指标，即羽绒占填充物（羽绒＋羽毛）的百分比，一般服装常用的含绒量为 $80\% \sim 90\%$。图 6-11 为鹅绒的商标及功能说明。

2. Thinsulate™ 保温材料

Thinsulate™（新雪丽）是美国 3M 公司出品的特薄保温材料，由只有头发丝数分之一粗细的腈纶（Olefin）所组成。保温原理是借助微纤维大的比表面积，由表层的表面张力将空气分子充分抓牢，令其保温能力大幅提升。根据报道，Thinsulate™ 的保暖值是同等厚度羽绒的 1.5 倍。Thinsulate™ 保温材料具有保暖、轻薄、柔软、安全不致敏、易洗、快干，且洗涤后回弹性好、不缩水、保温性能不下降等特点。主要用于服装、鞋履、手套、床品、睡袋等品类，以及服务于户外市场，男女装市场，休闲、运动市场，家纺市场。图 6-12 为 Thinsulate™ 材料。

图 6-11　鹅绒的商标及功能说明

图 6-12　Thinsulate™ 材料

二、拉链

户外运动服装有防水、防风的需求，因此大多选用防水拉链。防水拉链是一种经过特殊处理的尼龙拉链，其特殊处理包括贴 PVC、贴 TPU 薄膜、防水剂浸泡、涂层。其中，贴 TPU 薄膜防水拉链是防水拉链的高端产品。TPU 防水拉链由 YKK 公司于 20 世纪 90 年代开发推出，具有 −40～100℃ 的耐寒耐热性能、卓越的防水效果、良好的透气性以及极佳的柔软度，一直受到市场的欢迎。防水拉链被应用于各种无缝产品之中，为产品提供防水性能。根据应用场合的不同，可分为民用防水拉链、工业用防水拉链，以及水密、气密拉链，其中，水密、气密拉链对防水的要求尤为严格。防水拉链的应用非常广泛，不仅适用于防寒服、滑雪衣、羽绒服等户外服饰，还广泛应用于航海服、潜水服等水下活动装备，以及帐篷、车船罩等防护用品。图 6-13 为防水拉链及其应用。

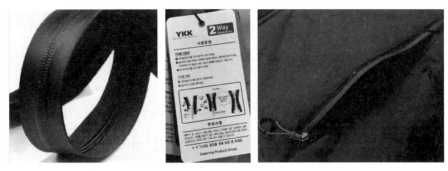

图 6-13　防水拉链及其应用

三、防水压胶带

户外服通常会针对针脚和接缝处的涂层或贴膜易破损、渗水的情况做专门的压胶处理，如图 6-14 所示。一般是用专业的压胶机和防水压胶带在接缝处进行高温压胶，密封所有接缝处，进一步杜绝漏水、渗水的情况发生。防水压胶带一般为 PU 或 TPU 材质，可根据用户需求定制不同规格尺寸的产品，适用于贴膜面料、PVC/PU 涂层面料制作的服装和用品。防水压胶带具有加工温度低、粘贴牢固、柔软有弹性，高防水抵抗力，耐油、耐磨、耐寒、耐水洗等特点，主要用于冲锋衣、登山服、防寒服等高档户外服装以及雨衣、帐篷、车船罩、多功能服、户外执勤服等。

图 6-14　户外服中的防水压胶带

四、搭扣和扣襻

主要指尼龙搭扣，是以尼龙为原料的黏扣带，由两条不同结构的尼龙带组成，一条表面带圈，一条表面带钩；当两条尼龙带相接触并压紧时，圈钩黏合扣紧。尼龙搭扣多用于需要方便而能快速扣紧或开启的服装部位，如户外服的袖口、裤口、门襟、口袋等部位。为了方便活动，户外服装还会使用上下衣连接扣襻，如图 6-15 所示。将连接上下衣的扣襻缝制在裤襻，可以分别连接到前面、后面和侧面的夹克上，在极端恶劣环境下，既可以有效提高服装的保暖性，又可在攀岩、登山等极限运动时方便活动。

图 6-15　上下衣连接扣襻

五、各类绳带

　　服装中的绳主要有两个作用，一是紧固，二是装饰。绳的原料主要有棉纱、人造丝和各种合成纤维等。用于裤腰、服装内部牵带等不显露于服装外面的绳，一般选用本色全棉的圆形或扇形绳。其他具有装饰性的绳，在选用时要与服装的风格和色彩相协调，可选用人造丝或锦纶丝为原料的圆形编织绳、涤纶缎带绳、人造丝缎带绳等。户外运动对服装的防御功能性有更高的要求，帽部的抽绳工艺让面料更贴合人体，达到保暖、防风沙、抵御外来伤害的目的，如图 6-16 所示为 Vollebak 户外防寒服中帽部的抽绳工艺。

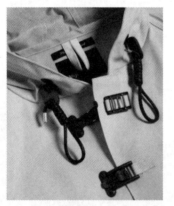

图 6-16　绳带在户外防寒服中的应用

第七章

服装特种工艺加工及应用

服装特种工艺通常是指针对面料或成衣进行的一些独特的加工和处理方式，以达到特殊的效果和质感。这些工艺不仅可以提高服装的品质，还可以使千篇一律的服装产生别样的效果，使服装更具有个性和时尚感，比如打揽、对丝、贡针、压褶压皱、各种绣花和激光切割等。通常需要使用特种花样缝纫机、绣花机、激光雕刻机、压褶机器等实现。

第一节 ▶ 特种缝纫加工及其应用

特种缝纫加工主要指使用不同种类特种花样缝纫机对服装或面料做的加工工艺。常见的加工工艺包含以下几类。

1. 打揽

也叫拉橡筋、拉牛筋、司马克（Smocking 的音译），本意是缩褶绣，也叫打褶绣。可同时拉 20 多条橡筋，通常线迹平行，间距均匀。间距常有 0.5cm、0.6cm、0.8cm、1cm 等，面料收缩，做出不同的褶皱效果或图案效果，花型多样。打揽可根据线型分为普通打揽和花式打揽，花式打揽表面线型可多种选择。加工时采用不同的缝纫线配合花模组合出具有特色的打揽花型，通常面线可采用不同粗细的绣花线，底线采用细橡筋。打揽适用于机织和针织面料，一般适合较薄的面料，较厚或较硬的面料不适合打揽，回缩效果不佳。按产品分为有底线橡筋打揽、全橡筋打揽、全缝线打揽，按造型可分为木耳边打揽、紧密型打揽、宽间距打揽。打揽常在领口、胸口、平肩收腰、袖口、脚口、装饰部位使用，兼顾装饰性和功能性。可裁片或成衣加工，限制条件低，适用范围广。图 7-1 为打揽工艺的应用效果。

图 7-1　打揽工艺的应用效果

2. 对丝

又叫睫毛绣、蚂蚁边、牙花绣、打洞绣等，按照工艺特点分为全对丝（打洞绣）、半对丝（睫毛绣）两种。全对丝机器只要在布料上走一行，便在布料上打出一个个有规律的小孔，而且这些小孔都同时被缝线固定了。从这些小孔中间剪开后，就变成了像邮票齿一样美丽的边，也就成了半对丝（睫毛绣），这就使得面料的边要处理得整齐而又不会散纱，同时具有美观装饰性。全对丝和半对丝的运用主要取决于面料，一般用于领圈、夹圈等装饰边，适合于雪纺、薄棉布、真丝、网纱等较薄的面料，较厚或较硬的面料不宜对丝，容易皱，边缘效果较差。图 7-2 为对丝工艺的应用效果。

图 7-2　对丝工艺的应用效果

3. 曲牙边

曲牙边是一种特殊的装饰缝工艺，也被称为曲牙花边装饰缝工艺或狗牙花边工艺。其特点在于其弯曲的齿状设计，这种设计不仅能够为服装的边缘增添动感和立体感，还能有效地防止布料的磨损和脱线。这种工艺需要在曲牙机上完成，以确保工艺的质量和效率。曲牙边工艺可以使用单针或双针，也可以进行撞色处理，使得曲牙边工艺具有多种变化和应用方式。在进行曲牙边工艺处理时，需要确保裁片边缘是光边的，否则会影响工艺效果。曲牙边一般分为单曲牙和双曲牙，还包括曲牙拼接和电脑花式曲牙工艺，双曲牙可以把两块布拼接起来，效果很特别，用途也很广泛，衬衣或者童装还有泳衣等都适合用这种工艺搭配。单曲牙用途更广泛，同样可以作为泳衣、梭织服饰等裁片的边饰，毛衣服饰可以做在领口或者袖口还有下脚边，成本较低，制作简单，在服装设计、生产过程中十分重要。图 7-3 为曲牙边工艺效果。

图 7-3　曲牙边工艺效果

4. 打条

也称为车塔克、塔克线、抽条、打褶、切线等，其每一条都由明显的缝纫线固定，线条感强，造型固定性好。打条主要分为通条和倒回车两种。打条工艺适用于各种面料，有横纹打条、竖纹打条、斜纹打条。条子宽度和间距可控，打出来的一般都是直条，线条感很强。它能使平板的面料变得丰富多彩、立体灵动，更具个性魅力，增加了衣服的附加值和美感。图 7-4 为打条工艺的应用效果。

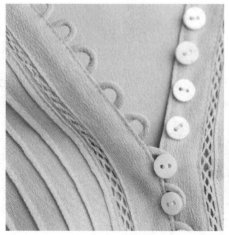

图 7-4　打条工艺的应用效果

5. 贝壳绣

贝壳绣是使用贝形饰边花边机在织物或服装边缘缝制的一种类似贝壳形状的装饰花边。贝形饰边花边机可依不同的线、布料与针距搭配出多种多样的贝形花边，借由移动针数调整杆便可变换 3 种不同的针织样式，共有 1 针、4 针、8 针三种贝壳饰边缝，根据不同产品可分为三角一字贝、双面一字贝、大扇形贝和小扇形贝。贝壳绣只能在布料边缘处使用，只适合厚面料或多层面料，建议在裁片或半成品上使用，方便藏两端线头。经过几年的发展，贝壳绣应用范围包括双面呢大衣、皮草、连衣裙、内衣内裤、泳装、毛巾、鞋子、床品、桌布等，大多应用在领子、门襟、袖口等处。图 7-5 为贝壳绣的饰边效果。

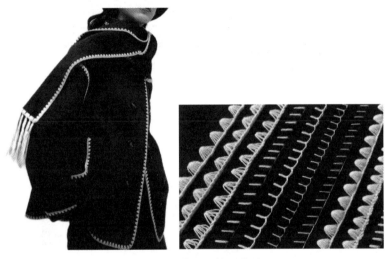

图 7-5　贝壳绣的饰边效果

6. 莲藕绣

因形似一节节莲藕造型而得名，具有稳定的加固效果。适合绝大多数面料，但不适合厚面料、真丝面料。可做正反两面的车缝效果。莲藕花式结构独特，横、竖、斜纵横交错排列，视觉上更加有立体感和收缩感，常运用在袖口、领口、腰节，女性穿着更有柔美感。图 7-6 为莲藕绣工艺效果。

7. 贡针

俗称珠边，有真珠边和假珠边之分。真珠边正反面相同，线迹在面料上一段一段显现，有长度的限制和手工藏线头的需求；假珠边正面与真珠边相同，反面则为链条，假珠边没有任何限制。贡针只适合较厚的面料，西装、大衣的领子和门襟处使用较多。任何珠边都只是起到了微弱的加固作用，最主要是为了服装的美观和整体线条的流畅，视觉上能够增加从上至下的顺畅感和整体感。没有机器的时候，贡针线迹都是手工缝制的，现在很多手工西装上依然是手工来做。手工和机器的区别在于：手工线条更加柔和，而机器贡针可以做得更加工整和平顺。珠边出现的位置：驳头、翻领、袋盖、袖扣、肩线等有线缝的

图 7-6　莲藕绣工艺效果

位置。珠边还有宽、窄，单、双排，实线之分。窄珠边有精致感，常搭配精纺的面料和正式的款式。宽珠边有休闲感，常搭配款式较为休闲的西装款式和面料。图 7-7 为贡针工艺效果。

图 7-7　贡针工艺效果

8. 其他花式缝

通过电脑设计花型，输入机器后可做出客户想要的花型，例如三角针、八字花、蜈蚣绣、麻花褶等，如图 7-8 所示。三角针又叫人字车，其线迹走向呈三角方向，可用于骨位和边口，分为普通三角针、卷边三角针和包鱼丝三角针，包括普通三角针、三角针卷边、三角针包鱼丝和多点式三角针。八字花工艺，顾名思义，其线迹呈现循环的 8 字形状，按效果分为八字花平面装饰和八字花拼接装饰。此工艺为粗细两种线组合而成，且要求裁片需是光边。

(a) 蜈蚣绣

(b) 八字花

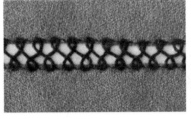

(c) 八字镂空花

(d) 麻花褶

图 7-8 其他花式缝

第二节 ▶刺绣加工及其应用

刺绣是针线在织物上绣制各种装饰图案的总称，就是用针将丝线或其他纤维、纱线以一定图案和色彩在绣料上穿刺，以缝迹构成花纹的装饰织物，通过材质的对比，相互衬托，使材料表面呈现和谐、华丽的外观效果。

刺绣是我国民间传统手工艺之一，在我国至少有两三千年历史。传统上是手工刺绣，有苏绣、湘绣、蜀绣和粤绣四大门类。刺绣的技法有错针绣、乱针绣、网绣、满地绣、锁丝、纳丝、纳锦、平金、影金、盘金、铺绒、刮绒、戳纱、洒线、挑花等。现代电脑刺绣可以完成大部分手工刺绣工艺，除了基本的平绣之外，还有多种特种绣，如激光绣、雕孔绣、植绒绣、毛巾绣、盘带绣、绳绣等，能够做出多种或平面或立体的刺绣效果。

电脑刺绣系统通过计算机辅助设计功能，将设计好的图案转化为纸带、磁盘等媒介上的针迹，使电脑绣花机（图 7-9）按照工艺程序在绣料上绣出理想图案，极大地拓宽了刺绣的艺术空间，还降低了生产成本，压缩了生产时间，形成标准化的生产模式。电脑刺绣分电脑绣花打版和电脑绣花机两部分，先通过电脑绣花打版系统制作花版，再将花版文件读入电脑绣花机操作完成。电脑绣花打版也称打带，是指打出卡、带、碟，或者通过数字化等处理来准备花样，指导或激发绣花机和绣框做设计所需的各种运动的过程。

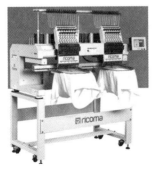

图 7-9 电脑绣花机

刺绣的用途主要包括生活和艺术装饰，如服装、床上用品、台布、舞台、艺术品装饰。

1. 平绣

电脑平绣是电脑绣花中最简单、最普遍的绣花，使用计算机制版，然后输入花型盘带到绣花机上，再绣出想要的花型图案。平绣可以做出很多线色，常用的是 1 到 9 个色，线色越多越麻烦，对应的成本也会越高。平绣又可分为跳针绣、走针绣和榻榻米绣等。电脑绣花的用线是专业的绣花线，有光泽感，类型分为人造丝和涤纶丝，有时也会使用金银丝线增加装饰效果。除了专业的绣花线，普通的缝纫线也可以用于绣花，但绣出来的图案没有光泽度。图 7-10 为电脑平绣的应用效果。

图 7-10　电脑平绣的应用效果

2. 绗缝

也叫绗棉、绗绣，是在两层织物中间加入适当的填充物后再缉明线，用以固定和装饰，具有保温和装饰的双重功能。绗缝工艺可以使制品产生风格各异、韵味不同的浮雕效果，具有很强的视觉冲击力，如图 7-11 所示。

图 7-11　绗缝绗绣服装

绗缝工艺源自欧美，我国传统的手工棉花被应该也算是绗缝的雏形，法国设计师香奈尔将其用在自己的经典手袋设计中，至今仍畅销不衰。

3. 贴布绣

也称镶绣，用来表现不同肌理的块面效果。贴布绣是将贴花布按图案要求剪好，贴在绣面上，也可在贴花布与绣面之间衬垫棉花等物，使图案隆起而有立体感，贴好后，再用各种针法锁边。贴布绣绣法简单，图案以块面为主，风格别致，如图 7-12 所示。

图 7-12 贴布绣的应用效果

4. 包梗绣

传统上是先用较粗的线打底或用棉花垫底，使花纹隆起，然后再用绣线绣没，一般采用平绣针法。现代绣花是利用绣花线把 EVA 胶包在里面而形成的立体图案，EVA 胶有不同厚度（3～5cm）、硬度及颜色。包梗绣在绣花工艺中广泛使用，立体胶可以溶解，也可以不溶解，根据对花型的要求而定。适合在手袋、鞋面、服装上做出特殊的立体效果。包梗绣花纹秀丽雅致，富有立体感，装饰性强，又称高绣，在苏绣中则称凸绣。图 7-13 为包梗绣的应用效果。

图 7-13 包梗绣的应用效果

5. 绳绣

绳绣又称绳股绣，属于特种绣之一，指的是用细绳走出线型线条，形成装饰线条效果，流动的线条给图案增添审美趣味，也可以表示图案轮廓，刻画轮廓较为精细，可利用金属色线产生华丽感。绳绣有粗绳绣、细绳绣、盘带绣和链目绣，装饰效果风格随之变化。绳绣的绳子粗细一般在0.05～0.3cm之间，绳子的材料可选用毛线、涤纶线等。图7-14为绳绣的应用效果。

图7-14　绳绣的应用效果

凸骨包绳绣加工工艺因其表面如骨位状凸起故而得名，是将绳子垫在缝料的反面，在正面体现其凸出的效果。根据需要，薄布料需要包绳，厚布料则不用，漂亮的凸感可给服装增添不同的色彩和内涵。图7-15为凸骨包绳绣的工艺效果。

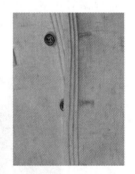

图7-15　凸骨包绳绣的工艺效果

盘带绣是将宽度不等的丝带通过导嘴导出，用鱼丝线钉在纺织品上的一种刺绣方式。可使用2.0～9.0mm宽、0.3～2.8mm厚的花带，在服装和面料上形成比较立体的图案。图7-16为盘带绣的应用效果。

6. 雕孔绣

又称雕绣、镂空绣、打孔绣，是在已经绣好的布料上按照预设的图案效果进行局部镂空，形成一种浮雕效果。工艺程序比较复杂，对制版及设备有较高要求，但效果十分别致。传统工艺需分两次工艺完成刺绣，在图案绣制之后，再进行局部的镂空，创造出浮雕的效果。现代刺绣可以借助绣花机上安装的雕孔刀或雕孔针等工具在刺绣面料上打出孔洞后进行包边刺绣。这种绣法虚实得当，富有情趣，可以匹布镂空绣，也可裁片局部绣。图7-17 为雕孔绣的应用效果。

图 7-16　盘带绣的应用效果　　　　　　图 7-17　雕孔绣的应用效果

7. 毛巾绣

顾名思义，毛巾绣是像毛巾一样，把线圈一个个竖起来的毛绳绣法，也属于立体绣花。电脑毛巾绣花机可绣任何花型、任何颜色的图形，花型具有层次感、新颖、立体感强。毛巾绣可以直接绣在裁片上，也可以做成绣片公仔。毛巾绣用的线主要是毛线，粗细为 $24^S/2$ 比较合适，可用多种线色。根据不同的制品要求，毛巾绣的刺绣方法层出不穷。毛巾绣花机可实现普通毛巾绣和锁链绣效果，使绣花更加多元化。图 7-18 为毛巾绣的应用效果。

图 7-18　毛巾绣的应用效果

8. 珠片绣

珠片绣又称珠绣、亮片绣，是以空心珠子、珠管、人造宝石、闪光珠片等为材料，绣缀于服饰上的刺绣工艺。在装有珠片绣装置的刺绣机上进行刺绣。珠绣的装饰形象是由珠片作点穿连组合而成，即以点为基础，用点连成线，以线铺成面，利用不同粗细、不同疏密、不同方向、不同珠型、不同片型、不同大小以及不同色变和色差等，构成不同层次，产生不同的装饰效果。用线一般是细透明线（钓鱼丝线）。珠片绣在服装中的运用颇为广泛，与彩绣结合并用效果更好，耀眼而充满时尚气息，在服装中是比较流行的装饰手法，如图 7-19所示。

图 7-19　珠片绣的应用效果

第三节 ▶ 压皱加工及其应用

褶裥是一种常用的服饰图案造型方法，它通过面料的变形起皱，使平面的材料变得立体。

压褶也称为熨烫褶、叠褶，是用手工熨斗或者专业的机器设备把服装面料在合适的温度、湿度和压力下，压出预期设定的一系列褶皱且定型，满足服装设计效果要求的生产工艺。

服装压褶工艺在女装的设计造型上运用得较多，且压褶形态多变。连续性的压褶大多用于装饰，或成组打褶、或单独打褶，这类褶裥视觉效果规律而工整，富有秩序感，尤其是直线褶，褶纹重复而规律，易形成规整、强劲的感觉。在构成压褶的方式上，一般是固定褶裥的某一端，另一端则沿着特定方向自然运动，表现出褶裥的动与静、平整与起伏、紧凑与舒展的对比风格和运动感特征。压褶常见的形式有排褶、工字褶、风琴褶、牙签褶、波浪褶、竹叶褶、太阳褶、乱褶、粟米褶等。压褶适用于各种服装面料、匹布、真丝、裁片、家纺、乔其纱等，具体是否适合需要经过试样。机器压褶极大地提高了现代服装加工的效率，降低了面料再造成本。现代的机械性压褶已经发展到 3D 机械量化的阶段，这种技术在成衣设计中起到重要的装饰作用；如图 7-20 所示。以下主要介绍典型的机器压褶工艺。

图 7-20　压褶工艺的应用效果

1. 顺风褶

又称顺褶、刀褶、平折褶（平褶）等，指所有单元褶均倒向同一方向，构成一个平面的褶裥，是服装装饰上最常用、最普通的褶，有平行褶和梯形褶等不同造型。由机器熨压制成的顺风褶相对手工制成的顺风褶而言定型效果好，褶宽可自由调整，无论是轻薄型丝织物还是厚实型织物，均可使用该类褶。图 7-21 为顺风褶的应用效果。

图 7-21　顺风褶的应用效果

2. 工字褶

工字褶又称弓字褶、长城褶、凹凸褶，因褶形似"工"字而得名，其造型来源于两个单元褶皱的明褶边之间的形状，也是众多压褶样式中最常见的样式。工字褶规则有序，褶形较大，当使用高密度织物进行压褶时，其褶造型可长久保持，是机器褶的基本褶形。工字褶分为内工字褶和外工字褶，内工字褶是褶在褶皱里面，也叫阴褶；外工字褶是褶在外面，也叫阳褶。工字褶经常被设计成在中上端压缝固定，下方散开形成扩张效果。可加工成全弓字褶和弓字平褶，全弓字褶是由多个弓字褶组成；弓字平褶是几个弓字褶加几个平褶组成的花型。图 7-22 为工字褶的应用效果。

图 7-22　工字褶的应用效果

3. 风琴褶

因褶皱拉开很像风琴而得名，褶皱折叠后呈 Z 字形，是一种典型的立体褶。其主要尺寸只有一个，即褶高大小。风琴褶是众多压褶样式中最常见、最基本的样式，是百褶裙常用的褶皱类型，立体感强，褶皱裙摆可以打开很大，活动空间大。图 7-23 为风琴褶的应用效果。

图 7-23　风琴褶的应用效果

4. 牙签褶

因褶皱外形态纤细、形似牙签的造型而得名，俗称为"细褶"。牙签褶是竖起来的，没有倒向，也叫小立体褶。这种褶皱虽然展现效果会跟风琴褶相近，但是因为立体出来的褶皱高度更小一点，在服装呈现上会更柔和些。牙签褶有细牙签褶和粗牙签褶之分，薄款的面料适合用细牙签褶，粗牙签褶适合用在厚款面料中。一部分做牙签褶、一部分松散的设计称为牙签爆，也比较常用，如图 7-24 右图所示。

5. 太阳褶

又称扇形褶，其压褶较为特殊，从上往下由细褶渐变为粗褶，因像太阳光芒一样呈向外放射状，故得名太阳褶。可加工成类似风琴褶的立体褶，也可以加工成类似顺风褶的平折褶。太阳褶在裙摆的应用上最多见，其褶皱造型为服装整体造型带来了既轻巧活泼又优

图 7-24　牙签褶的应用效果

雅唯美的风采，如图 7-25 所示。

图 7-25　太阳褶的应用效果

6. 竹叶褶

顾名思义，竹叶褶是像竹子叶子一样的花纹压褶，风格自然、随意。分为全竹叶褶和花型竹叶褶。全竹叶褶是全部由人字花型组成的褶，花型竹叶褶是由几个人字花型加几个平褶或空当组成的花型褶。竹叶褶的主要尺寸要素是竹叶面和竹叶底。图 7-26 为竹叶褶的应用效果。

7. 波浪褶

波浪褶是像水波纹一样的花纹褶，是利用波浪刀打出来的褶，每次新打样都要换刀，比较费时间，出样比较慢。波浪褶的主要尺寸要素是波浪底和波浪面，适合稍微有弹性的化纤面料。图 7-27 为波浪褶的应用效果。

8. 钢丝褶

钢丝褶是利用钢丝挤压出来的皱纹，有点类似牙签皱，只是多了些横向钢丝印。钢丝

图 7-26　竹叶褶的应用效果

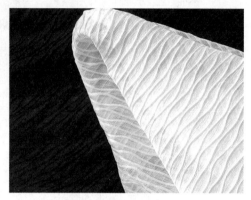

图 7-27　波浪褶的应用效果

褶是由很多钢丝排列的，钢丝的间距可以调整，也可以随意拆掉钢丝，做出局部钢丝皱。适用于化纤面料上，广泛用于雪纺面料。图 7-28 为钢丝褶的面料效果。

图 7-28　钢丝褶的面料效果

9. 其他压褶

几何造型褶，是将面料通过具有折纸几何造型的模具固定压褶，或先将面料折叠后再压褶，形成具有几何造型的褶皱，如图 7-29 所示。

图 7-29　压褶模具及应用

花型褶，是采用热缩膜工艺，根据花型进行压褶处理，产生的褶皱具有一定的图案，花型多变灵活且造型持久。

乱褶，是造型无规律的褶皱，具有特殊肌理效果，可通过堆褶后定型，或采用热缩膜成型工艺形成。热缩膜工艺制成的乱褶一般呈现树皮状或龟裂状。图 7-30 为乱褶的应用效果。

图 7-30　乱褶的应用效果

组合褶，是将面料进行两种或两种以上压褶处理，不同褶型组合呈现出更丰富的肌理效果和褶皱特质。可将两种褶型相接形成收缩差异和体积差异，也可将多种褶型先后在同一面料上压制。一些组合褶可具有双向收缩性能，弹性极强。

第四节 ▶ 激光加工及其应用

利用激光雕刻机对织物进行切割、蚀刻处理是服装行业自动化、智能化背景下的面料加工处理手法。不同于传统的加工处理手法。激光雕刻面料能够提高设计生产效率，呈现新的设计外观，赋予面料、服装更高的附加值。激光雕刻技术对市面上超过半数的面料材质都适用，但针对不同的面料要采取不同的雕刻技术，比如镂空雕刻、激光烧花、流苏切割等，这些要通过设置雕刻机器的参数来实现。织物激光雕刻工艺在对面料进行处理时，可以产生不同的创意表达，从而增强衣服的装饰性和视觉效果，被大量使用在现代女装的设计上。

激光具有可控性强、能量稳定集中、光束方向性好、光束细等特点，其高可控性保证了模具加工的时候可以严格按照图纸模型进行加工。与传统的花纹图案加工相比，激光雕刻技术呈现出来的花纹样式更精细、层次感更强，而且裁切边缘光滑、无毛刺，无须后续加工。

1. 激光雕刻印花

激光雕刻印花是指去除面料表面部分纤维，使面料表面形成凹凸浮雕肌理感的花纹图案。它具有类似印花或压花的效果，颜色可以同一深度，也可有深浅层次的变化。如果设计图案由一种颜色构成，则激光处理后形成只有一个深度颜色的花纹；如果图案由多个不同明度的颜色构成，则激光处理后可形成不同灰度层次的花纹。

激光剥色印花是指激光光束照射到染色织物表面，染料因激光强弱瞬间气化导致局部脱色，形成深浅不一的花纹，从而形成颜色丰富的花纹造型。利用激光剥色处理出来的颜色类型比传统染色的类型更多，更具创造力，花纹颜色层次更丰富，对艺术审美具有更好的表达。此技术在牛仔面料上应用较多。牛仔面料质地稍硬、面料粗糙，激光作用于牛仔面料或成衣时，根据数字图案的灰度值大小对织物进行刻蚀，实现过渡自然、纹理细腻、古朴内敛的拔色印花，能实现牛仔成衣加工中的猫须、马骝、破洞、磨烂、磨白等常规水洗效果，也能实现一些线条精细、复杂的个性化拔色印花效果，如图 7-31 所示。也可以用激光破坏掉部分纤维，形成激光烧花效果，如图 7-32 所示。

图 7-31　激光剥色牛仔服装

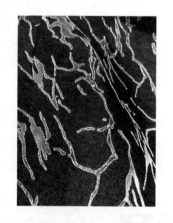

图 7-32　激光烧花牛仔布

毛纺产品的抗脱散性能较好，比其他纤维的织物更适宜于激光雕花产品的制作，且用粗纺毛织物以及羊毛毡等无纺布制成的雕花产品强度高，抗脱散性好，花型制作灵活方便，快速高效，可以满足人们对纺织面料以及服装个性化制作的需要。

2. 激光镂空雕刻

服装面料激光镂空已成为一大潮流趋势，主要用以切割具象图案和排列规律的整块面料，激光孔眼多以圆形、椭圆形、方形等简易的几何形为主。激光镂空更有设计感及装饰效果，局部图案的激光镂空能给整套搭配带来画龙点睛的作用。图 7-33 为激光镂空雕刻的应用效果。

图 7-33　激光镂空雕刻的应用效果

3. 激光流苏切条

流苏切条在服装上的运用可以达到丰富层次、增添精致度等装饰效果，使面料在视觉上具有动态流动的效果，是服装设计中常用的设计元素，有其特有的工艺手法。激光流苏切条是对面料设定尺寸大小的，激光机按照设定的参数，把面料切割成有规律的长条形状。激光流苏切条不仅可以让一些本不具有流苏的面料达到流苏的效果，还能丰富流苏应用的面料种类，增加服装的层次感。常用麂皮绒、皮革、毛毡、针梭织等面料进行切割，切割边缘自然光滑、整齐流畅，用多于袖口、裙子下摆、上衣下摆和局部装饰部位，给整套服装带来丰富的视觉效果，如图 7-34 所示。通过不同面料材质、颜色、版型，流苏切条能带来多变的服装风格。

图 7-34　激光流苏切条的应用效果

附 录

服装面辅料中英文名称对照表

纤维原料

animal fiber	动物纤维	mohair	马海毛
angora	安哥拉兔毛	modacrylic	改性腈纶
alpaca	羊驼毛	modal	莫代尔
acrylic	腈纶	micro-fiber	超细纤维
acetate	醋酸	natural fiber	天然纤维
bamboo fiber	竹(原)纤维	nylon®	尼龙
camel hair	驼毛	organic cotton	有机棉
cashmere	羊绒	polyester	涤纶
cellulosic fiber	纤维素纤维	polyamide(nylon®)	锦纶(尼龙)
chemical fiber	化学纤维	polyurethane(elasthane、spandex)	氨纶(弹性纤维)
cotton	棉	protein fiber	蛋白质纤维
cupro	铜氨纤维	rabbit hair	兔毛
fiber content	纤维成分	ramie	苎麻
filling	絮填料	rayon	黏胶纤维
filament	长丝	silk	丝(桑蚕丝)
hemp	大麻	soybean fiber	大豆纤维
jute	黄麻	shell fabric	面料
lambs wool	羔羊毛	textile fiber	纺织纤维
linen	亚麻	tencel®	天丝
lycra®	莱卡	vegetable fiber	植物纤维
lyocell©	莱赛尔纤维	wool	羊毛
lining	里料	yak hair	牦牛毛
man-made fiber	人造纤维		

纱线

air-jet texturing yarn	空气变形丝	loop yarn	圈圈线
air-jet spinning	喷气纺纱	lurex	卢勒克斯
boucle yarn	毛圈花式线	open-end spinning(rotor spinning)	气流纺纱(转杯纺纱)
cap spinning	帽锭纺	POY(preotiented yarn)	预取向丝
combed cotton yarn	精梳棉纱	ring spinning	环锭纺
carded cotton yarn	普梳棉纱	spun yarn	短纤纱
chenille yarn	雪尼尔纱	shuttleless weaving machine	无梭织机
DTY(draw textured yarn)	拉伸变形丝	semi-combed	半精梳
DT(draw twist)	牵伸加捻丝	triangle profile	三角异形丝
FDY(full drawn yarn)	全拉伸丝	twist	捻度
filament	长丝	worsted	精纺毛纱,精纺毛织物
flyer spinning	锭翼纺	woolen	粗纺毛织物,呢绒,绒布
folded or plied yarn	股线	yarn	纱,纱线
fancy or novelty yarn	花式线	yarn count,yarn size	纱支

机织与机织物

blended fabric	混纺织物	madras checks	马德拉斯细条衬衫布
batiste	细棉布、薄麻布	non-woven fabric	无纺布
box cloth	缩绒厚呢	needle cord	细条纹光面呢
brocade	织锦,锦缎	oxford	牛津布
check fabric	格子织物	organza	欧根纱
cambric	麻纱(细薄布)	ottoman	粗横棱纹织物
chiffon	雪纺	over coating	顺毛呢
canvas	帆布	peach skin	桃皮绒
chambray	靛蓝青年布	poplin	府绸
coutil	人字斜纹布	rib stop	暗格子布
corduroy	灯芯绒	sizing	上浆
density	密度	shuttleless weaving machine	无梭织机
double-layer fabric	双层织物	stripe fabric	条子织物
denim(jean)	牛仔布	seersucker	泡泡纱
dungaree	粗蓝布	shantung	山东绸

机织与机织物			
double-faced woolen goods	双面呢	serge	哔叽
fabric construction	织物结构	satin	缎,缎子,色丁
fabric width	幅宽	sateen	棉缎,横贡缎
fabric absorption	布料吸湿性	satinet	假缎子
fabric breathability	布料透气性	suede	仿麂皮
fabric comfort	布料穿着舒适性	two-tone fabric	双色织物
fabric fall	布料悬垂性	taffeta	塔夫绸
fabric flammability	布料可燃性	taslon	塔丝绒
fabric resilience	布料回弹性	tartan	格子呢
flannel	法兰绒	terry fabric	毛圈织物
gabardine	华达呢	towel fabric	毛巾布
georgette	乔其纱	tweed	花呢
gingham	条格平布	twill	斜纹织物
grain	丝缕,布纹	voile	巴厘纱
greige,gray goods,loom-state	坯布	velour	丝绒
herringbone twill	人字斜纹布(海力蒙)	velveteen	平绒(棉绒)
jacquard fabric	提花织物	velvet	天鹅绒
khaki	卡其,卡其色	weave	机织,梭织
loom	织机	warp,ends	经纱
mixed fabric	交织织物	weft,picks	纬纱
muslin	平纹细布	warping	整经
melton	麦尔登布	web	织物,一匹布,一卷布
针织与针织物			
circular knit	圆筒针织布	mesh	网眼,网眼布
circular knitting machine	圆机	purl stitch	双反面组织
flat knit	横机织物	piqúe	珠地
float stitch issed loop	浮线组织(浮圈)	rib	罗纹
gauge	针号	jersey(plain knitting)	汗布(平纹针织物)
interlock	棉毛布	tuck stitch	集圈组织
jacquard knitting fabric	提花针织物	weft knitted fabric	纬编织物,纬编针织布
knitted fabric	针织面料	warp knitted fabric	经编织物,经编针织布
染色、印花、后整理			
antistatic	防静电	piece dye	匹染
anti-pilling	抗起球	puff print	发泡印花
bleach	漂白	random dye	扎染,间隔染色
burnt-out	烂花	reflect print	反光印花,反射印花
color fastness	色牢度	roller print	滚筒印花
coating finish	涂层整理	rotary screen print	圆网印花
dye lot	缸号	space dye	段染
easy care	免烫	sublimation print	升华印花
embossed flocking	雕印植绒	sanding finish	磨毛整理
fabric print	面料印花	shrink-proof,shrink-resistant	防缩
foil print	金/银箔印花,烫金/银,箔类印花	uneven dye	染色不匀
fuzzing finish	起毛整理	water repellent	防泼水,拒水
flock print	植绒印花	water roof	防水
garment dye	成衣染色,件染	Y/D＝yarn dye	色织
glitter print	闪粉印	4 color print/4 screen print	四色网,是指同一个图样里有四套色
gradient print	渐变印花	4 color ways(4 color combo/combination)	四套色,是指一个图样有共四组颜色组合
match color	配色		

参考文献

[1] 李艳梅，林兰天等 . 现代服装材料与应用［M］. 北京：中国纺织出版社，2013.

[2] 盖尔·鲍 . 时装设计师面辅料应用手册［M］. 史丽敏，王丽，译 . 北京：中国纺织出版社，2018.

[3] 克莱夫·加利特，阿曼达·约翰斯顿 . 高级服装设计与面料［M］. 衣卫京，钱欣，译 . 上海：东华大学出版社，2019.

[4] 杰妮·阿黛尔 . 时装设计元素：面料与设计 . 朱芳龙译 . 北京：中国纺织出版社，2011.

[5] 邢声远，郭凤芝 . 服装面料与辅料手册［M］. 第 2 版 . 北京：化学工业出版社，2020.

[6] 朱松文，刘静伟 . 服装材料学［M］. 第 5 版 . 北京：中国纺织出版社，2015.

[7] 姚穆 . 纺织材料学［M］. 第 5 版 . 北京：中国纺织出版社，2020.

[8] 李丹月 . 服装材料与设计应用［M］. 北京：化学工业出版社，2018.

[9] 荆妙蕾 . 织物结构与设计［M］. 第 6 版 . 北京：中国纺织出版社，2021.

[10] 宋广礼，蒋高明 . 针织物组织与产品设计［M］. 第 3 版 . 北京：中国纺织出版社，2016.

[11] 柯勤飞，靳向煜 . 非织造学［M］. 第 3 版 . 上海：东华大学出版社，2016.

[12] 于方芳 . 论服装材料的运用对服装设计的影响［J］. 新课程（教研版），2013（4）：89-91.

[13] 潘向荣 . 浅谈服装设计与服装材料［J］. 职业技术 .2005（07）：82.

[14] 杨静 . 把握材料·成就服装 . 现代艺术与设计［J］. 装饰，2007（03）：114-116.

[15] 顾青 . 再生涤纶在加工生产中的现状分析［J］. 轻纺工业与技术，2024（2）：52-56.

[16] 周惠煜 . 花式纱线开发与应用［M］. 第 2 版 . 北京：中国纺织出版社，2009.

[17] 王士林 . 不同风格面料在服装造型设计中的实现［J］. 邢台职业技术学院学报，2008（3）：69-71.

[18] 顾悦，吴玉梅子 . 时尚设计中不同风格面料的选用分析［J］. 文艺生活，2020（3）：170.

[19] 范雪荣 . 纺织品染整工艺学［M］. 第 3 版 . 北京：中国纺织出版社，2017.

[20] 蔡再生 . 染整概论［M］. 第 3 版 . 北京：中国纺织出版社，2020.

[21] 张高扬，祁锋，刁永辉 . 浅谈纬编摇粒绒［J］. 山东纺织经济，2013（5）：64-66.

[22] 薛灿浓，赵立环，金福全，李翠玉 . 服用反光面料的开发及反光性能研究［J］.2017（5）：29-33.

[23] 李柯欣，李艳梅，王晓娟 . 反光涂层材料在现代服饰品设计中的运用设计艺术研究，2019（9）：105-118.

[24] 赵玉 .TPU 薄膜材料再造在服装设计中的应用研究［D］. 青岛：青岛大学，2016.

[25] 石雪 . 科技发光材料在服装艺术设计中的应用研究［D］. 武汉：湖北美术学院，2020.

[26] 朱平 . 功能纤维及功能纺织品［M］. 第 2 版 . 北京：中国纺织出版社，2016.

[27] 商成杰 . 功能纺织品［M］. 第 2 版 . 北京：中国纺织出版社，2018.

[28] 王迎梅 . 基于 PTFE 膜复合面料的户外运动服装热湿舒适性能研究［D］. 上海：上海工程技术大学，2015.

[29] 赵宇 . 机械性压褶在现代女装设计中的应用研究［D］. 福州：福建师范大学，2019.

[30] 张玲 . 基于压褶形态的服装设计创新研究［D］. 上海：东华大学，2024.

[31] 潘娜 . 电脑绣花在成衣设计中的运用［D］. 武汉：武汉纺织大学，2016.

[32] 刘晓晓 . 电脑刺绣在民族纹样服饰设计中的应用研究［D］. 北京：北京服装学院，2014.

[33] 吴丹琦 . 电脑刺绣在服装设计中的应用［J］. 艺术研究，2023（01）：171-173.

[34] 崔荣荣 . 中华服饰文化研究述评及其新时代价值［J］. 服装学报，2021（2）：53-59.

[35] 李亚雯，刘解放，李淑鑫，等 . 数智背景下电脑刺绣的发展与创新研究，西部皮革，2024，（12）：63-65.

[36] 花一凡，张毅 . 激光加工技术在服装面料设计中的创新应用［J］. 激光杂志，2023，44（1）：16-21.

[37] 柏妍妍，李红霞，张建明 . 激光雕花技术在服装面料上的应用［J］. 天津纺织科技，2017（6）：1-4.

[38] https：//www.pop-fashion.com/.